海南软件职业技术学院2011年院级规划教材建设资助项目

职业教育"十二五"规划教材

网络工程案例

主　编　符　天　许嵩明　王　贞
副主编　韩武光　陈　壮　郑　斌

U0334075

国防工业出版社
National Defense Industry Press

内 容 简 介

本书由五章构成,设计四个学习情境,学习情境由浅到深、由简单到复杂循序渐进,让读者从案例中掌握网络工程项目流程及网络工程所需知识。本书针对目前主流的小型企业网、商务办公大厦网、生活社区网、园区网四种类型的网络,依据行动导向的原则,按照科学的网络工程项目工作过程从需求分析、方案设计、工程实施、网络维护、意见反馈的工程步骤来进行。通过对本书的学习,读者可以在较短的时间内完成从入门到提高的过程,掌握网络工程项目所需的技术能力,成为优秀的网络工程师。

本书结构清晰、语言简洁,适合网络爱好者、相关专业的学生、网络管理员以及初中级网络工程师人员阅读参考,同时也可作为各类计算机培训中心、中职中专、高职高专等院校相关专业的教材。

图书在版编目(CIP)数据

网络工程案例/符天,许嵩明,王贞主编. —北京:国防工业出版社,2015.9
职业教育"十二五"规划教材
ISBN 978 - 7 - 118 - 10230 - 7

Ⅰ.①网… Ⅱ.①符…②许…③王… Ⅲ.①计算机网络 - 高等职业教育 - 教材 Ⅳ.①TP393

中国版本图书馆 CIP 数据核字(2015)第 209822 号

※

*国防工业出版社*出版发行

(北京市海淀区紫竹院南路 23 号 邮政编码 100048)
天利华印刷装订有限公司印刷
新华书店经售

*

开本 787×1092 1/16 印张 11¾ 字数 288 千字
2015 年 9 月第 1 版第 1 次印刷 印数 1—3000 册 定价 25.00 元

(本书如有印装错误,我社负责调换)

国防书店:(010)88540777　　　发行邮购:(010)88540776
发行传真:(010)88540755　　　发行业务:(010)88540717

前言

　　随着近年来国际互联网络技术的快速发展以及中国的网络基础设施的不断完善,国内先进的网络技术得到很好的普及和应用,越来越多的企业、商务大厦、生活小区、政府部门等都走进信息化的高速公路,通过网络提高工作效率、实现信息的相互交流。

　　本书主要培养学生网络规划、组建、调试、故障排除、网络优化等能力,为培养网络管理员和网络工程师服务。本书设计的总体思路基于行动导向获取职业技能。

　　本书从岗位能力的要求出发,在分析岗位能力体系的基础上,结合实际网络工程项目,设计四个学习情境,学习情境由浅到深、由简单到复杂循序进进,让读者从案例中掌握网络工程项目流程及网络工程所需知识,从而为今后的知识与能力拓展打下良好的基础。

　　本书针对目前主流的小型企业网、商务办公大厦网、生活社区网、校园园区网四种类型的网络,依据行动导向的原则,按照科学的网络工程项目工作过程从需求分析、方案设计、工程实施、网络维护、意见反馈的工程步骤来进行。本书学习情境一:小型企业网,对企业网的需求分析、设计、实施及产品的选购形成基本能力。学习情境二:商务大厦网,掌握多业务网络平台的实施与配置。学习情境三:生活社区网,进一步熟悉网络平台的设计与实施的能力。学习情境四:园区网,掌握建设满足复杂多业务的网络平台。

　　本书由海南软件职业技术学院符天、许嵩明、王贞担任主编。韩武光(海南软件职业技术学院)、陈壮(中兴通讯公司海南办事处)、郑斌(海南科技职业技术学院)任副主编。符天编写第1章、第5章,王贞编写第3章3.1~3.3节,许嵩明编写第2章的2.1~2.2节及第3章3.4节,韩武光编写第2章2.3~2.5节及第4章的4.1~4.2.5节,陈壮编写第3章的3.5~3.6节,郑斌编写第4章的4.2.6~4.5节。全书由符天设计、策划、统稿。

　　本书在编写过程中,得到中兴通讯、海南蓝点信息技术有限公司等工程师的支持和帮助。感谢吴云、杨登攀、雷燕瑞、白蕾参与了本书的部分编辑、修改工作。感谢白晓波教授、李维涛教授、严丽丽教授、季文天副教授、刘来权副教授对本书的内容组织结构提出了建设性意见,在此向他们表示感谢。

　　由于作者编写教材经验不足,时间仓促、书中难免有疏漏与不当之处。欢迎读者指正。意见和建议可发至 fu - tian@163.com。

目 录

■ ■ ■ ■ ■

第 1 章 网络工程项目概述

1.1 网络工程的概念

1.1.1 网络工程

在 21 世纪，随着计算机技术的快速发展，21 世纪的特征就是信息化、数字化与网络化。21 世纪将是一个以网络为核心的信息时代。

在信息以数量级增长的今天，所有的信息的传递都依赖于完善的网络，在网络的快速发展过程中又需要我们使用正确的工程方法去规划出安全、可靠并能高效运行的网络系统，从而为网络的快速发展提供可靠的保障。

网络工程是将系统化的、规范的、可度量的方法应用于网络系统的设计、实施和维护的过程，即将工程化应用于网络系统中。通过工程原则与方法以达到提高网络系统传输效率、降低成本的目的。

而项目则是为提供独特产品、服务或成果所做的临时性努力。

在实际应用中，为了使得网络能够适应基于网络的多种多样服务在带宽、可扩缩性和可靠性等方面不断增长的需求，网络工程必须解决好网络的三个要素，即系统化、规范化与可度量。

系统化是指工程有详细的规划，规划一般分为不同的层次，有的比较概括（如总体规划），有的非常具体(如实施方案)。

规范化是指在网络工程项目在建设过程中必须依照网络规划方案实施，如明确网络建设的目标，在工程实施过程中一旦建设目标确定就不能在工程进行中轻易更改。

可度量是指工程在设计及施工过程中依据正规的标准进行，如国际标准、国家标准、军队标准、行业标准或是地方标准。

1.1.2 网络项目生命周期

在每一个网络项目中，项目经理或组织可以把项目划分为若干个阶段，以便有效地进行管理控制，并与执行组织的日常运作联系起来。这些项目阶段合在一起称为项目生命期。一般来说，一个网络项目的生命周期至少包括需求分析、网络规划设计、实施构建和运营维护四个阶段，如图 1-1 所示。目前，随着互联网各项网络应用的不断增长，一些网络项目需要不断重复设计、实施与维护。

任何一个网络项目都需经过循环迭代，每次循环迭代的动力都来自于网络应用需求额变更；每次循环过程中都存在需求分析、规划设计、实施调式和运营维护等过程。有些网络仅仅经过一个周期就被淘汰，而有些网络则在存活过程中经过多次循环周期。一般来说，网络规模越大、投资越多，其可能经历的循环周期也就越多。

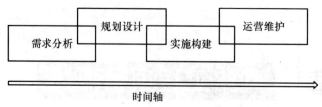

图 1-1　网络项目的生命周期图

1．需求分析

在整个网络项目建设过程中，需求分析环节是网络工程生命周期中最重要的一步，也是决定性的一步。只有分析客户对项目的需求，才能将目标网络的功能及性能描述为具体可实施的工程方案，从而有的放矢地进行网络项目的建设。需求分析之所以重要，是因为它具有决策性、方向性、策略性的作用，它在项目的过程中具有举足轻重的地位，其作用要远远大于方案设计。

需求分析需要客户先对目标网络的功能和性能提出初步要求，并澄清一些模糊概念。网络工程师要通过咨询客户和技术人员，认真了解客户的需求，细致地进行调查分析，把客户"网络系统"的商业和技术目标转换成一个完全的、细致的网络需求规格说明，并准确表达出客户的要求。

在需求分析过程中，客户对目标网络的描述往往是片面、模糊、不一致的，甚至随着时间的变化客户需求也随之改变。因此在需求分析阶段工程技术人员必须使用系统的科学方法，并借助一系列行之有效的工具，准确全面地把握客户需求并制定配套的需求说明书，以保证工程的顺利实施。

2．规划设计

在网络规划设计阶段，首先要确定网络的应用范围，其次要弄清楚用户是要全新的网络还是对现有网络进行改造升级，最后要明确设计中应该采用哪些网络技术和网络标准。如果网络工程项目是分期实施，还需明确分期工程的目标、建设内容、所需工程费用、时间和进度计划等。

有时在网络设计的过程中，还需要考虑用户的技术偏好及施工进度安排等因素，因为这些因素与网络设计的范围也紧密相关。

3．实施构建

在网络工程施工过程中，施工者必须严格按照方案规划设计内容及施工进度计划表进行。如遇特殊情况须向用户及管理部门及时申报，以便修正规划。

4．网络运营维护

维护的目的即通过某种方式对网络状态进行调整，使网络能正常、高效地运行。当网络出现故障时能够及时发现并得到处理，以保持网络系统的协调高效地运行。维护工作主要包括如下内容：

(1) 建立完整的网络技术档案，如网络类型、拓扑结构、网络配置参数、网络设备及网络应用程序的名称、用途、版本号、厂商运行参数等。

(2) 常规网络维护。定期进行计算机网络的检查和维护，现场监测网络系统的运营情况，及时解决发现的问题。

(3) 紧急现场维护。在用户遇到网络严重问题时，集成商技术人员应在规定的时间内上门排除故障。

(4) 重大活动现场保障。当用户有重大活动或遇到网络要做重大调整或升级等情况时，需要集成商的技术人员现场维护。

1.1.3 影响网络性能的参数

随着网络在人们生活中的地位不断加强，人们的需求也不断提高，因此要求网络具有更强的性能。对用户而言，这主要体现在所获得的网络速度上。在计算机网络里，衡量网络性能的主要指标参数包括带宽、吞吐量、丢包率与时延。

1. 带宽

带宽(Bandwidth)是指在固定的时间可传输的资料数量，亦即在传输管道中可以传递数据的能力。在数字设备中，频宽通常以 b/s 表示，即每秒可传输的位数。在模拟设备中，频宽通常以每秒传送周期或赫兹(Hz)来表示。

2. 吞吐量

吞吐量(Throughput)是指在单位时间内传输无差错数据的能力。吞吐量可针对某个特定连接或会话定义，也可以定义网络的总的吞吐量。

3. 丢包率

丢包率(Loss Tolerance 或 packet loss rate)是指测试中所丢失数据包数量占所发送数据包的比率，通常在吞吐量范围内测试。丢包率与数据包长度以及包发送频率相关。通常，千兆网卡在流量大于 200Mb/s 时，丢包率小于万分之五；百兆网卡在流量大于 60Mb/s 时，丢包率小于万分之一。

4. 时延

时延(Delay 或 Latency)可以定义为从网络的一端发送一个比特到网络的另一端接收到这个比特所经历的时间。根据产生时延的原因，时延可分为以下几类：

(1) 传播时延。这是电磁波在信道中传播所需要的时间。这取决于电磁波在信道上的传播速率以及所传播的距离。在非真空的信道中，电磁波的传播速度小于 $3 \times 10^8 \text{m/s}$，例如在电缆或光纤中，信号的传播速度约为真空中的光速的 2/3。任何信号都有传播时延，例如同步卫星通信会引起 270ms 的时延，而对于陆基链路，每 200km 产生 1ms 的时延。

(2) 发送时延。这是发送数据所需要的时间。它取决于数据块的长度和数据在信道上的发送速率。数据的发送速率也常称为数据在信道上的传输速率。例如，它在 2.048Mb/s 的 E1 信道上传输 1024B 的分组要花费约 4ms 时间。

(3) 重传时延。实际的信道总是存在一定的误码率。误码率是传输中错码数与总码数之比。总的传输时延与误码率有很大的关系，这是因为数据中出了差错就要重新传送，因而增加了总的数据传输时间。

(4) 分组交换时延。这是指当网桥、交换机、路由器等设备转发数据时产生的等待时间。等待时间取决于内部电路的速度和 CPU，以及网络互连设备的交换结构等。这种时延通常较小，对于以太网 IP 分组来说，第 2 层和第 3 层的交换机的等待时间为 10～50ms，路由器的分组交换时延比交换机的要长些。为了减小等待时间，可采用先进的高速缓存机制，发往已知目的地的帧可以迅速进行封装，无须再查表或进行其他处理，从而有效地降低分组变换时延。

1.2 任务总结

　　本篇介绍了网络工程项目的相关知识及网络项目生命周期。重点介绍了网络工程的主要阶段，包括用户需求分析、规划设计、实施构建及运营维护，并介绍了网络项目在实施过程中影响性能的指标参数。通过对本篇学习，读者将了解网络工程的基本概念及网络工程建设过程中的一般步骤，为后面案例的学习奠定基础。

第 2 章 小型企业网建设

2.1 任务描述

某劳保用品有限公司是以销售为主的专业劳保公司，目前，公司下设 1 个门店和 1 个配送中心，位置都处在同一个园区内。信息点分布情况如下：行政区内经理办公室 2 个；财务办公室 2 个；门店和配送中心各 4 个。公司计划从 ISP 接入 8 Mb/s ADSL，门店和配送中心的网络需要与公司行政区互连，并通过行政区接入 Internet。

具体的网络需求如下：

(1) 所有客户端都能自动获取 IP 地址。

(2) 按部门划分网络。

(3) 财务办公室的计算机只允许经理办公室的计算机访问；经理办公室的计算机能访问任何部门的计算机，但其他部门的计算机不能访问经理办公室的计算机。

(4) 公司的文件服务器仅限内网访问。

(5) 设备的可靠性要高，扩展性要好，但又要尽可能地节省成本。

2.2 实现过程

2.2.1 网络规划与设计

根据公司的需求，网络建设应达到以下目标：

(1) 实现 8Mb/s ADSL 接入。

(2) 内部网络实现 100 Mb/s 到桌面。

(3) 按部门来划分 VLAN。

(4) 使用 DHCP 技术实现用户自动获取 IP、网关和 DNS 服务器地址。

(5) 使用 ACL 限制对经理办公室和财务办公室的网络访问，但经理办公室可访问其他部门。

(6) 使用 ACL 和服务器配置文件来禁止外网访问公司的文件服务器。

(7) 网络设备可靠性尽可能高，数量尽可能少，通过采用高可靠性的设备、减少设备冗余来控制成本。

局域网一般分为核心层、汇聚层和接入层三层结构。

核心层是网络的核心部分，不仅要求实现数据的高速转发，而且要求高性能、高可靠性和高稳定性。通常核心层都采用冗余的设计。

汇聚层提供丰富的功能和特性。汇聚层要屏蔽接入层的各种变化对核心层的冲击。通常路由汇聚、路由策略、ACL 等功能都在汇聚层实现。

接入层提供大量的接入端口以及丰富的接入端口类型。

但对于小型网络，由于成本方面的原因，在设计网络时通常只划分两层结构，将核心层和汇聚层合二为一。如果信息点数量少，位置比较集中，距离很近(如都在同一层楼或同一间办公室)，甚至可以考虑三层合并为一层。

由于公司的行政区和门店位于同一栋楼，门店在一楼，行政区在二楼，而配送中心位于毗邻的另一栋楼的一楼，相距不到 10m，从行政区到配送中心的布线长度不超过 30m，因此，考虑将网络结构精简，采用一台三层交换机来连接公司所有的计算机，三层交换机外连一台路由器，由路由器负责 Internet 接入。

2.2.2 网络拓扑结构图设计

根据前面的规划设计绘制网络拓扑图，如图 2-1 所示。

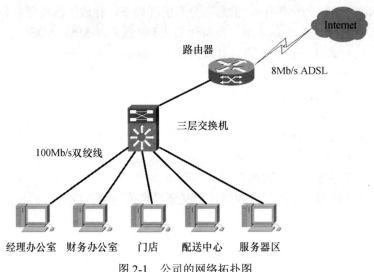

图 2-1 公司的网络拓扑图

2.2.3 IP 地址规划设计

公司要求按部门来划分网络，而信息点数量很少，考虑使用 C 类私有地址。IP 地址规划见表 2-1。

表 2-1 IP 的规划

序号	部门	IP	备注
1	经理办公室	192.168.10.0/24	2 台计算机
2	财务办公室	192.168.20.0/24	2 台计算机
3	门店	192.168.30.0/24	4 台计算机
4	配送中心	192.168.40.0/24	4 台计算机
5	服务器区	192.168.50.0/24	1 台，手工配置
6	路由器内网接口	192.168.1.254/24	F0/0 接口
7	交换机外连接口	192.168.1.253/24	F0/24 接口
8	交换机管理 IP	192.168.0.1/24	虚拟接口 VLAN1

2.2.4 VLAN 规划设计

根据公司部门来划分 VLAN 的要求，VLAN 的规划见表 2-2。

表 2-2 VLAN 的规划

序号	VLAN 号	IP	交换机端口	备注
1	10	192.168.10.0/24	F0/1 - 4	经理办公室
2	20	192.168.20.0/24	F0/5 - 8	财务办公室
3	30	192.168.30.0/24	F0/9 - 14	门店
4	40	192.168.40.0/24	F0/15 - 20	配送中心
5	50	192.168.50.0/24	F0/21 - 23	服务器区

2.2.5 网络设备选型

因为公司要求设备可靠性要高，扩展性要好，成本要尽可能低，所以在设计网络结构时应精简网络架构，用一台三层交换机来承担内网的交换、路由、访问控制等任务，由路由器负责内网和 Internet 的数据传输。因此，选用的三层交换机和路由器在可靠性、性能和功能等方面必须非常出色，由此考虑三层交换机选用 Cisco WS-C3550-24-EMI(图 2-2)，路由器选用 Cisco 1841(图 2-3)，设备的具体参数见表 2-3 和表 2-4。

<table>
<tr><td align="center">图 2-2 Cisco WS-C3550-24-EMI 交换机</td><td align="center">图 2-3 Cisco 1841 路由器</td></tr>
</table>

Cisco WS-C3550-24-EMI 提供了包括服务质量(QoS)、速度限制、Cisco 安全访问控制列表、多播管理和高性能的 IP 路由等先进功能，同时又保持了传统 LAN 交换的简便性。

表 2-3 Cisco WS-C3550-24-EMI 参数列表

主要参数	
产品类型	网管交换机
传输速率	10Mb/s/100Mb/s/1000Mb/s
产品内存	32MB DRAM 和 8MB 闪存
交换方式	存储—转发
背板带宽	8.8 Gb/s
交换容量	8000Mb/s
端口参数	
端口数量	24 个 10/100Mb/s 端口+ 2 个 1000Mb/s Base-X 端口
传输模式	支持全双工

功能特性	
网络标准	IEEE 802.1x、IEEE 802.3x、IEEE 802.1D、IEEE 802.1p、IEEE 802.1Q、IEEE 802.3、IEEE 802.3u、IEEE 802.3ab、IEEE 802.3z
堆叠功能	可堆叠
VLAN	支持
其他参数	
状态指示灯	端口状态 LED：链路完整、关闭、活动、速度和全双工指示； 系统状态 LED：系统、RPS 和带宽利用率指示
产品尺寸	44.5×366×445
产品重量	5.0
其他参数	安装了标准的多层软件镜像(SMI)； 提供完全动态的 IP 路由； 功耗 65W(最大)，每小时 222BTU； 由所有端口共享的 4 MB 内存架构；32MB DRAM 和 8MB 闪存；可以配置多达 8000 个 MAC 地址；可以配置多达 16000 条单播路径；可以配置多达 2000 条多播路径；可以配置的最大传输单元(MTU)高达 1590B，用于连接 MPLS 标记帧

表 2-4　Cisco 1841 参数列表

主要参数	
产品类型	模块化接入路由器
网络协议	TCP/IP
传输速率	10/100 Mb/s
端口结构	模块化
局域网接口	2 个
其他端口	1 个板载 USB 接口，1 个 Console 接口，1 个 AUX 接口
扩展模块	2 个模块化插槽+2 个 WAN 接入的模块化插槽+2 个 HWIC 的模块化插槽+1 个板载 AIM 插槽
产品内存	产品内存：最大 DRAM 内存为 384MB，最大 FLASH 内存为 128MB
功能特性	
防火墙	内置防火墙
QoS	支持
VPN	支持
VoIP 支持	仅限 IP 话音(VoIP)直通
网络管理	SNMP/Telnet/Console
主板上基于硬件的集成加密	有
默认时软件和硬件的加密支持	DES，3DES，AES 128，AES 192，AES 256

结合社区的业务需求及接入信息点冗余考虑，需采购的网络设备主要清单见表 2-5。

表 2-5　主要设备清单

设备名称	产品型号	数量	参考价格/元	备注
路由器	Cisco 1841	1	8400	
核心交换机	Cisco WS-C3550-24-EMI	1	22000	

2.2.6　内部局域网组建

1．交换机和路由器的管理

交换机和路由器可以通过以下三种途径进行管理：通过 Console 端口管理、通过网络浏览器管理和通过网络管理软件管理。

通过 Console 端口连接并配置交换机和路由器，是配置和管理交换机和路由器必须经过的步骤，所以通过 Console 端口连接并配置交换机是最常用、最基本也是网络管理员必须掌握的管理和配置方式。

这种管理方式需要一条串口电缆，常见的串口电缆如图 2-4 所示，其一端是 RJ-45，另一端是 DB-9。

先把串口电缆的一端插在交换机和路由器的 Console 端口里，另一端插在计算机的串口里。Console 端口的类型也有所不同，绝大多数(如 Catalyst 1900 和 Catalyst 4006)都采用 RJ-45端口(图 2-5)，但也有少数采用 DB-9 串口端口(如 Catalyst 3200)或 DB-25 串口端口(如 Catalyst 2900)。

图 2-4　RS-232 线缆

图 2-5　RJ-45 类型的 Console 端口

打开 Windows 提供的"超级终端"程序，如图 2-6 所示，设定好连接参数后，即可通过串口电缆与交换机和路由器交互。这种方式并不占用交换机和路由器的带宽，因此称为"带外管理"(out of band)。在这种管理方式下，使用专用的交换机和路由器管理命令集管理交换机。

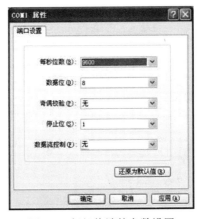

图 2-6　超级终端的参数设置

2. 配置交换机和路由器

为了能够有效地管理交换机和路由器，为设备配置一个有意义的系统名称是基本的要求。在整个企业网络中，为各台设备配置有意义且唯一的系统名称是一项非常有用的工作，特别是当系统名称能够反映位置信息的时候。例如，对于系统名称"Sw1stShop"，它是系统名称"交换机：门店1"的简称，并且能够反映当前所访问的交换机的准确位置。在基于 Cisco IOS 的交换机和路由器上配置系统名称需要使用 hostname 命令。

将该公司的三层交换机命名为 SwCompany，步骤如下：

```
Switch>enable
Switch#conf t
```

将交换机的名称改为 SwCompany：

```
Switch(config)#hostname SwCompany
SwCompany(config)#
```

将该公司的路由器命名为 RoCompany，步骤如下：

```
Router>enable
Router#conf t
```

将交换机的名称改为 RoCompany：

```
Router(config)#hostname RoCompany
RoCompany(config)#
```

(1) 设置交换机的管理 IP。通过给交换机设置管理 IP，就可以通过 Telnet、SSH 和 HTTP 实现交换机的管理访问。管理 IP 地址占用特定的 VLAN。在基于 Cisco IOS 的交换机上配置交换机的管理 IP 地址需要使用 ip address 命令。例如，给公司的交换机设置管理 ip 地址，需要使用下列命令：

```
SwCompany(config)#int vlan 1
SwCompany(config-if)#ip address 192.168.0.1 255.255.255.0
SwCompany(config-if)#no shutdown
```

(2) 安全设置。交换机和路由器是网络的核心设备，不是每个用户都能随意登录的，为了网络的安全，需要为交换机和路由器等网络设备设置登录口令。下面为交换机设置系统口令。

设置加密的特权密码：

```
SwCompany(config)#enable secret $beyond$
```

进入控制台配置：

```
SwCompany(config)#line console 0
```

设置控制台密码：

```
SwCompany(config-line)#password $beyond-con$
```

启用控制台登录时的密码验证：

```
SwCompany(config-line)#login
SwCompany(config-line)#exit
```

进入虚拟终端配置：

```
SwCompany(config)#line vty 0 15
```

设置虚拟终端密码：

```
SwCompany(config-line)#password $beyond-vty$
```

```
SwCompany(config-line)#exit
SwCompany(config)#
```

为路由器设置系统口令的命令如下。

设置加密的特权密码：
```
RoCompany(config)#enable secret $beyond$
```

进入控制台配置：
```
RoCompany(config)#line console 0
```

设置控制台密码：
```
RoCompany(config-line)#password $beyond-con$
```

启用控制台登录时的密码验证：
```
RoCompany(config-line)#login
RoCompany(config-line)#exit
```

进入虚拟终端配置：
```
RoCompany(config)#line vty 0 15
```

设置虚拟终端密码：
```
RoCompany(config-line)#password $beyond-vty$
RoCompany(config-line)#exit
RoCompany(config)#
```

3. DHCP 的配置

在三层交换机上启用 DHCP 服务，根据 VLAN 及 IP 规划，为每个 VLAN 分别建立一个地址池，指定默认网关为该网络的最后一个可用 IP，为客户端指定首选 DNS 服务器和备用 DNS 服务器的地址，将默认网关排除在地址池外。具体配置命令如下。

当地址有冲突时不记录日志：
```
SwCompany>en
SwCompany#conf t
Enter configuration commands, one per line. End with CNTL/Z.
SwCompany(config)#no ip dhcp conflict logging
```
建立行政区的地址池，取名 xingzhengqu：
```
SwCompany(config)#ip dhcp pool xingzhengqu
```
设置默认网关为该网络的最后一个可用 IP：
```
SwCompany(dhcp-config)#default-router 192.168.10.254
```
设置地址池：
```
SwCompany(dhcp-config)#network 192.168.10.0 255.255.255.0
```
指定首选 DNS 服务器和备用 DNS 服务器的地址：
```
SwCompany(dhcp-config)#dns-server 202.96.128.86 202.96.128.143
SwCompany(dhcp-config)#lease 7
SwCompany(dhcp-config)#exit
```
建立财务办公室的地址池，取名 caiwu：
```
SwCompany(config)#ip dhcp pool caiwu
```

```
SwCompany(dhcp-config)#default-router 192.168.20.254
SwCompany(dhcp-config)#network 192.168.20.0 255.255.255.0
SwCompany(dhcp-config)#dns-server 202.96.128.86 202.96.128.143
SwCompany(dhcp-config)#lease 7
SwCompany(dhcp-config)#exit
```

建立门店的地址池，取名 mendian：

```
SwCompany(config)#ip dhcp pool mendian
SwCompany(dhcp-config)#default-router 192.168.30.254
SwCompany(dhcp-config)#network 192.168.30.0 255.255.255.0
SwCompany(dhcp-config)#dns-server 202.96.128.86 202.96.128.143
SwCompany(dhcp-config)#lease 7
SwCompany(dhcp-config)#exit
```

建立配送中心的地址池，取名 peisong：

```
SwCompany(config)#ip dhcp pool peisong
SwCompany(dhcp-config)#default-router 192.168.40.254
SwCompany(dhcp-config)#network 192.168.40.0 255.255.255.0
SwCompany(dhcp-config)#dns-server 202.96.128.86 202.96.128.143
SwCompany(dhcp-config)#lease 7
SwCompany(dhcp-config)#exit

SwCompany(config)#ip dhcp excluded-address 192.168.10.254
SwCompany(config)#ip dhcp excluded-address 192.168.20.254
SwCompany(config)#ip dhcp excluded-address 192.168.30.254
SwCompany(config)#ip dhcp excluded-address 192.168.40.254
```

4．VLAN 的划分

按照前面的 VLAN 规划，VLAN 的具体配置如下：

```
SwCompany>en
SwCompany#conf t
Enter configuration commands, one per line. End with CNTL/Z.
SwCompany(config)#vlan 10
SwCompany(config-vlan)#vlan 20
SwCompany(config-vlan)#vlan 30
SwCompany(config-vlan)#vlan 40
SwCompany(config-vlan)#vlan 50
SwCompany(config-vlan)#exit
SwCompany(config)#int range f0/1 - 4
```

将 f0/1～f0/4 划归到 VLAN 10：

```
SwCompany(config-if-range)#switchport mode access
SwCompany(config-if-range)#switchport access vlan 10
SwCompany(config-if-range)#no shutdown
```

```
SwCompany(config-if-range)#int range f0/5 - 8
```
将 f0/5～f0/8 划归到 VLAN 20：
```
SwCompany(config-if-range)#switchport mode access
SwCompany(config-if-range)#switchport access vlan 20
SwCompany(config-if-range)#no shutdown
SwCompany(config-if-range)#int range f0/9 - 14
```
将 f0/9～f0/14 划归到 VLAN 30：
```
SwCompany(config-if-range)#switchport mode access
SwCompany(config-if-range)#switchport access vlan 30
SwCompany(config-if-range)#no shutdown
SwCompany(config-if-range)#int range f0/15 - 20
```
将 f0/15～f0/20 划归到 VLAN 40：
```
SwCompany(config-if-range)#switchport mode access
SwCompany(config-if-range)#switchport access vlan 40
SwCompany(config-if-range)#no shutdown
```
将 f0/21～f0/23 划归到 VLAN 50：
```
SwCompany(config-if-range)#int range f0/21 - 23
SwCompany(config-if-range)#switchport mode access
SwCompany(config-if-range)#switchport access vlan 50
SwCompany(config-if-range)#no shutdown
```
为安全起见，将空闲的端口关闭：
```
SwCompany(config-if-range)#int range f0/3 - 4
SwCompany(config-if-range)#shutdown
SwCompany(config-if-range)#int range f0/7 - 8
SwCompany(config-if-range)#shutdown
SwCompany(config-if-range)#int range f0/13 - 14
SwCompany(config-if-range)#shutdown
SwCompany(config-if-range)#int range f0/19 - 20
SwCompany(config-if-range)#shutdown
SwCompany(config-if-range)#int range f0/22 - 23
SwCompany(config-if-range)#shutdown
SwCompany(config-if-range)#int range g0/1 - 2
SwCompany(config-if)#shutdown
```
剩余的端口 G0/1、G0/2 预留起来以备将来网络扩展。由于交换机的部分端口暂时不使用，为了防止员工随意接入网络设备影响网络的正常运转，特地将这些端口关闭。

5. VLAN 间路由的配置
```
SwCompany>en
SwCompany#conf t
SwCompany(config-if-range)#int vlan 10
SwCompany(config-if)#ip add 192.168.10.254 255.255.255.0
```

```
SwCompany(config-if)#no shutdown
SwCompany(config-if)#int vlan 20
SwCompany(config-if)#ip add 192.168.20.254 255.255.255.0
SwCompany(config-if)#no shutdown
SwCompany(config-if)#int vlan 30

SwCompany(config-if)#ip add 192.168.30.254 255.255.255.0
SwCompany(config-if)#no shutdown
SwCompany(config-if)#int vlan 40
SwCompany(config-if)#ip add 192.168.40.254 255.255.255.0
SwCompany(config-if)#no shutdown
SwCompany(config-if)#int vlan 50
SwCompany(config-if)#ip add 192.168.50.254 255.255.255.0
SwCompany(config-if)#no shutdown
```

6. ACL 的配置

根据公司的需求，在访问控制方面需要实现以下两个目标：

(1) 使用 ACL 限制对经理办公室和财务办公室的网络访问，但经理办公室可访问其他部门；

(2) 使用 ACL 和服务器配置文件，禁止外网访问公司的文件服务器。

考虑在三层交换机上定义扩展 ACL，要实现的访问控制如下：

(1) 在连接经理办公室的端口 f0/1～f0/4 拒绝由其他网络发起的访问；

(2) 在连接财务办公室的端口 f0/5～f0/8 拒绝来自其他网络的数据包进出；

(3) 在连接 Internet 的端口 g0/1 上拒绝来自 Internet 的对 FTP 服务器的访问；

(4) 允许其他数据包自由传输。

接着在交换机相应的 VLAN 上应用定义好的扩展 ACL：

```
SwCompany(config)#ip access-list extend fi-mana
SwCompany(config-ext-nacl)#permit tcp any 192.168.10.0 0.0.0.255 reflect
r-main timeout 120
SwCompany(config-ext-nacl)#permit udp any 192.168.10.0 0.0.0.255 reflect
r-main timeout 200
SwCompany(config-ext-nacl)#permit icmp any 192.168.10.0 0.0.0.255 reflect
r-main timeout 10
SwCompany(config-ext-nacl)#permit ip any any
SwCompany(config)#access-list extend fi-access-limit evaluate r-mana
SwCompany(config-ext-nacl)#deny ip any 192.168.10.0 0.0.0.255
SwCompany(config-ext-nacl)#permit ip any any
SwCompany(config)#int vlan 10
SwCompany(config-if)#ip access-group fi-mana in
SwCompany(config)#int vlan 20
SwCompany(config-if)#ip access-group fi-access-limit in
```

```
SwCompany(config)#int vlan 30
SwCompany(config-if)#ip access-group fi-access-limit in
SwCompany(config)#int vlan 40
SwCompany(config-if)#ip access-group fi-access-limit in
SwCompany(config)#int vlan 50
SwCompany(config-if)#ip access-group fi-access-limit in
```

2.2.7　互联网接入

目前小型企业、普通家庭用户使用的 Internet 接入方式主要是 ADSL，光纤接入方式正在逐渐普及。

ADSL(Asymmetric Digital Subscriber Loop，非对称数字用户环路)技术是运行在现有普通电话线上的一种新的高速宽带技术，它利用现有的一对铜质电话线，为用户提供上、下行非对称的传输速率(带宽)。非对称性主要体现在上行速率和下行速率的不对等，上行(从用户到局端)为较低速的传输，可达 3.5Mb/s；下行(从局端到用户)为高速传输，最高可达 24Mb/s。它最初是针对视频点播业务开发的，由于它的优势明显，逐步成为了一种非常受欢迎的宽带接入技术。

话音信号在铜质电话线传输时只使用了 4kHz 以下的频带，4kHz～1.1 MHz 的频带未被使用。ADSL 就是利用频分复用技术把电话业务使用的低频信号(4kHz 以下)和互联网业务使用的高频信号(4kHz 以上)整合到一根电话线中进行传送，接收时再利用解复用技术将这两种信号分离出来分别处理。

公司的内部路由配置如下：

1．内外网的路由配置

由 ISP 提供的 8 Mb/s ADSL，接入到路由器的 F0/1 接口，再由路由器的 F0/0 接口连接到三层交换机的 F0/24：

```
SwCompany(config)#int f0/24
```

将 F0/24 端口设为路由接口，默认是二层交换接口：

```
SwCompany(config-if)#no switchport
```

配置 F0/24 的 IP 地址：

```
SwCompany(config-if)#ip add 192.168.1.253 255.255.255.0
SwCompany(config-if)#no sh
SwCompany(config-if)#exit
```

配置默认路由，下一跳是路由器 F0/0 接口的 IP 地址：

```
SwCompany(config)#ip route 0.0.0.0 0.0.0.0 192.168.1.254
```

路由器的配置如下：

```
RoCompany(config)#int f0/0
RoCompany(config-if)#ip add 192.168.1.254 255.255.255.0
RoCompany(config-if)#no sh
RoCompany(config-if)#exit
```

配置到内网的静态路由，下一跳是三层交换机 F0/24 接口的 IP 地址：

```
RoCompany(config)#ip route 192.168.0.0 255.255.0.0 192.168.1.253
```

```
RoCompany(config)#end
```
测试到内网的路由是否可达：
```
RoCompany#ping 192.168.1.253

Type escape sequence to abort.

Sending 5, 100-byte ICMP Echos to 192.168.1.253, timeout is 2 seconds:
.!!!!

Success rate is 80 percent (4/5), round-trip min/avg/max = 19/28/32 ms
RoCompany#ping 192.168.30.1

Type escape sequence to abort.

Sending 5, 100-byte ICMP Echos to 192.168.30.1, timeout is 2 seconds:
.!!!!

Success rate is 80 percent (4/5), round-trip min/avg/max = 47/58/63 ms
```

2. 公司 ADSL 的 PPPoE 方式接入配置

使用 PPPoE 方式时，线缆的连接方法是这样的：电话线连接到 ADSL 分离器(图 2-7)的 Line 接口，从分离器的 Modem 接口引出一根 RJ-11 电话线接到 ADSL Modem(图 2-8)的 Line 接口，再从 ADSL Modem 的 LAN 口引出一根 RJ-45 双绞线接到 Cisco 1841 的快速以太网接口 F0/1(F0/0 用来连接内网了，剩下 F0/1 用来连接外网)。这样，拨号工作就交由 ADSL Modem 负责。

图 2-7　ADSL 分离器　　　　　　　图 2-8　ADSL Modem

也可以不用 ADSL Modem，而是给 Cisco 1841 路由器安装一块支持 ADSL 拨号的专用模块 WIC-1ADSL(图 2-9)，这样就把拨号工作交给 WIC-1ADSL 去完成。

图 2-9　WIC-1ADSL 模块

在 Cisco 1841 上配置 ADSL 拨号，采用 PPPoE 方式接入，配置如下。

启用路由器的专用虚拟拨号网络 VPDN：

```
RoCompany(config)#vpdn enable
```

创建 VPDN 组，组名为 Company：

```
RoCompany(config)#vpdn group Company
```

初始化一个 vpnd tunnel，建立一个请求拨入的 vpdn 子组：

```
RoCompany(config-vpdn)#request-dialin
```

VPDN 子组使用 PPPoE 来建立会话隧道：

```
RoCompany(config-vpdn)#protocol pppoe
RoCompany(config-vpdn)#exit
```

配置连接外网的以太网接口：

```
RoCompany(config)#int f0/1
```

启用 PPPOE 功能：

```
RoCompany(config-if)#pppoe enable
```

将 f0/1 的 PPPoE 拨号客户端加入拨号池 1：

```
RoCompany(config-if)#pppoe-client dial-pool-number 1
RoCompany(config-if)#no shutdown
```

配置逻辑拨号接口 Dialer 1：

```
RoCompany(config-if)#int Dialer1
```

配置最大传输单元，比默认的少 8B，因为 PPPoE 封装数据包时要加上额外的信息：

```
RoCompany(config-if)#mtu 1492
```

指定通过协商来从 ISP 获取 IP 地址，也可以是 ip address dhcp：

```
RoCompany(config-if)#ip address negotiated
```

指定该接口在 NAT 中是外网接口，需要把内网的私有 IP 地址转换成公有 IP：

```
RoCompany(config-if)#ip nat outside
```

声明 PPP 封装：

```
RoCompany(config-if)#encapsulation ppp
```

指定该接口使用 1 号拨号池进行拨号：

```
RoCompany(config-if)#dialer pool 1
```

配置超时时间：

```
RoCompany(config-if)#dialer idle-timeout 0
```

使用 CHAP 身份验证：

```
RoCompany(config-if)#ppp authentication chap callin
```

设置由 ISP 分配的 ADSL 拨号的帐号：

```
RoCompany(config-if)#ppp chap hostname 076922615143@dg
```

设置由 ISP 分配的 ADSL 拨号的密码：

```
RoCompany(config-if)#ppp chap password xxxxxx
```

有些地方使用 PAP 身份验证，则上面 3 句命令应该改为下面这 2 句：

```
RoCompany(config-if)#ppp authentication pap callin
RoCompany(config-if)#sent-username 076922615143@dg password 0 xxxxxx
```

```
RoCompany(config-if)#no shutdown
RoCompany(config-if)#exit
```
应用访问控制列表 1 来指定哪些主机或网络能访问 Internet：
```
RoCompany(config)#dialer-list 1 protocol ip permit
```
使用 overload 参数指定使用 ISP 分配的公有 IP 来做端口地址转换 PAT：
```
RoCompany(config)#ip nat inside source list 1 interface Dialer1 overload
```
配置默认路由，出口是拨号接口 Dialer1：
```
RoCompany(config)#ip route 0.0.0.0 0.0.0.0 dialer1
RoCompany(config)#access-list 1 permit 192.168.0.0 0.0.255.255
RoCompany(config)#int f0/0
RoCompany(config-if)#ip nat inside
RoCompany(config-if)#no shutdown
RoCompany(config-if)#end
```
查看接口简要信息：
```
RoCompany#sh ip interface brief
Interface        IP-Address  OK? Method Status              Protocol
FastEthernet0/0 unassigned   YES NVRAM  administratively down down
FastEthernet0/1 unassigned   YES NVRAM  up                  up
Virtual-Access1 unassigned   YES unset  up                  up
Virtual-Access2 unassigned   YES unset  up                  up
Dialer0         61.61.30.1   YES IPCP   up                  up
```
测试，ping ISP 的路由器接口地址：
```
RoCompany#ping 61.61.30.254

Type escape sequence to abort.
Sending 5，100-byte ICMP Echos to 61.61.30.254，timeout is 2 seconds:
!!!!!
Success rate is 100 percent (5/5)，round-trip min/avg/max = 24/32/40 ms
```
3. ISP 端的 ADSL 拨入配置
在 ISP 的路由器上建立 ADSL 用户信息(账号和密码)以供客户端拨入时验证身份：
```
RoISP(config)#username 076922615143@dg password xxxxxx
```
启用 VPDN：
```
RoISP(config)#vpdn enable
RoISP(config)#vpdn-group 1
```
接受拨入：
```
RoISP(config-vpdn)#accept-dialin
```
指定协议：
```
RoISP(config-vpdn-acc-in)#protocol pppoe
RoISP(config-vpdn-acc-in)#exit
```
配置 BBA 组：

```
RoISP(config-vpdn)#bba-group pppoe global
```
绑定模板 1：
```
RoISP(config-bba-group)#virtual-template 1
RoISP(config-bba-group)#exit
RoISP(config)#int f0/1
RoISP(config-if)#no ip address
RoISP(config-if)#pppoe enable
RoISP(config-if)#no shutdown
RoISP(config-if)#exit
```
配置模板 1：
```
RoISP(config)#int virtual-template 1
```
修改 MTU 值以适应 ADSL 网络：
```
RoISP(config-if)#mtu 1492
RoISP(config-if)#ip add 61.61.30.254 255.255.255.0
```
指定对端(客户端)的 IP 地址从 DHCP 地址池 adsl 中分配出去：
```
RoISP(config-if)#peer default ip address pool adsl
```
指定身份验证的方式是 CHAP，也可以是 PAP，但客户端和服务器端必须采用相同的方式：
```
RoISP(config-if)#ppp authentication chap
RoISP(config-if)#exit
```
将 61.61.30.254 这个地址从地址池中排除掉，这个地址将用在服务器的接口上：
```
RoISP(config)#ip dhcp excluded-address 61.61.30.254
```
建立地址池，取名为 ADSL：
```
RoISP(config)#ip dhcp pool adsl
RoISP(dhcp-config)#network 61.61.30.0 255.255.255.0
RoISP(dhcp-config)#dns-server 202.96.128.86 202.96.128.143
RoISP(dhcp-config)#lease 1
RoISP(dhcp-config)#end
```

2.2.8 项目验收

1. DHCP 服务的测试

DHCP 是基础性网络服务，客户机需要从 DHCP 服务器获取正确的 IP 地址、默认网关、DNS 等配置信息。DHCP 服务能否正常工作，关系到网络能否正常运转。

可以在客户机上运行 ipconfig /release 手工释放获取到的 IP 地址，然后再运行 ipconfig/renew 重新申请 IP，看看能否正常获取 IP 地址。

```
PC>ipconfig /all

    以太网适配器 本地连接：

        连接特定的 DNS 后缀 . . . . . . . . . :
        描述. . . . . . . . . . . . . . . : Realtek PCIe GBE Family Controller
        物理地址. . . . . . . . . . . . . : F0-DE-F1-C6-CD-E4
        DHCP 已启用 . . . . . . . . . . . : 是
```

自动配置已启用．．．．．．．．．．．．：是

IPv4 地址 ．．．．．．．．．．．．：192.168.10.1（首选）

子网掩码 ．．．．．．．．．．．．：255.255.255.0

获得租约的时间 ．．．．．．．．．．：2014 年 3 月 7 日 13:24:17

租约过期的时间 ．．．．．．．．．．：2014 年 3 月 8 日 13:24:17

默认网关．．．．．．．．．：192.168.10.254

DHCP 服务器 ．．．．．．．．．．：192.168.10.254

DNS 服务器 ．．．．．．．．．．：202.96.128.86

202.96.128.143

TCPIP 上的 NetBIOS ．．．．．．．．：已启用

2. VLAN 间路由的测试

可在任何一个 VLAN 的任意一台计算机上 ping 其他 VLAN 的计算机，以此测试 VLAN 间的网络的连通性。以下示例是在 VLAN 40 中的测试结果：

```
PC>ping 192.168.10.1

Pinging 192.168.10.1 with 32 bytes of data:

Request timed out.
Reply from 192.168.10.1: bytes=32 time=62ms TTL=127
Reply from 192.168.10.1: bytes=32 time=47ms TTL=127
Reply from 192.168.10.1: bytes=32 time=63ms TTL=127

Ping statistics for 192.168.10.1:
    Packets: Sent = 4, Received = 3, Lost = 1 (25% loss),
Approximate round trip times in milli-seconds:
    Minimum = 47ms, Maximum = 63ms, Average = 57ms

PC>ping 192.168.20.1

Pinging 192.168.20.1 with 32 bytes of data:

Request timed out.
Reply from 192.168.20.1: bytes=32 time=62ms TTL=127
Reply from 192.168.20.1: bytes=32 time=63ms TTL=127
Reply from 192.168.20.1: bytes=32 time=62ms TTL=127

Ping statistics for 192.168.20.1:
    Packets: Sent = 4, Received = 3, Lost = 1 (25% loss),
Approximate round trip times in milli-seconds:
    Minimum = 62ms, Maximum = 63ms, Average = 62ms
```

```
PC>ping 192.168.30.1

Pinging 192.168.30.1 with 32 bytes of data:

Request timed out.
Reply from 192.168.30.1: bytes=32 time=62ms TTL=127
Reply from 192.168.30.1: bytes=32 time=63ms TTL=127
Reply from 192.168.30.1: bytes=32 time=62ms TTL=127

Ping statistics for 192.168.30.1:
    Packets: Sent = 4, Received = 3, Lost = 1 (25% loss),
Approximate round trip times in milli-seconds:
    Minimum = 62ms, Maximum = 63ms, Average = 62ms
```

　　第一个数据包之所以会显示"Request timed out"(超时)，是因为这是第一次和这台计算机通信，ARP 缓存中没有这台计算机的信息，不得不先进行 ARP 广播以便查找这台计算机。当建立了相关的 ARP 缓存后，数据包就正常送达了。

　　3．访问控制的测试

　　(1) 从 Internet 访问经理办公室：

```
PC>ping 192.168.10.1

Pinging 192.168.10.1 with 32 bytes of data:

Request timed out.
Request timed out.
Request timed out.
Request timed out.

Ping statistics for 192.168.10.1:
    Packets: Sent = 4, Received = 0, Lost = 4 (100% loss)
```

　　(2) 从 Internet 访问财务办公室：

```
PC>ping 192.168.20.1

Pinging 192.168.20.1 with 32 bytes of data:

Request timed out.
Request timed out.
Request timed out.
Request timed out.
```

```
Ping statistics for 192.168.20.1:
    Packets: Sent = 4, Received = 0, Lost = 4 (100% loss)
```

(3) 从 Internet 访问 FTP 服务器：

```
PC>ping 192.168.50.1

Pinging 192.168.50.1 with 32 bytes of data:

Request timed out.
Request timed out.
Request timed out.
Request timed out.

Ping statistics for 192.168.50.1:
    Packets: Sent = 4, Received = 0, Lost = 4 (100% loss)
```

(4) 从门店访问经理办公室和财务办公室：

```
PC>ping 192.168.10.1

Pinging 192.168.10.1 with 32 bytes of data:

Request timed out.
Request timed out.
Request timed out.
Request timed out.

Ping statistics for 192.168.10.1:
    Packets: Sent = 4, Received = 0, Lost = 4 (100% loss)
PC>ping 192.168.20.1

Pinging 192.168.20.1 with 32 bytes of data:

Request timed out.
Request timed out.
Request timed out.
Request timed out.

Ping statistics for 192.168.20.1:
    Packets: Sent = 4, Received = 0, Lost = 4 (100% loss)
```

(5) 从配送中心访问经理办公室和财务办公室：

```
PC>ping 192.168.10.1

Pinging 192.168.10.1 with 32 bytes of data:
```

```
Request timed out.
Request timed out.
Request timed out.
Request timed out.

Ping statistics for 192.168.10.1:
    Packets: Sent = 4, Received = 0, Lost = 4 (100% loss)
PC>ping 192.168.20.1

Pinging 192.168.20.1 with 32 bytes of data:

Request timed out.
Request timed out.
Request timed out.
Request timed out.

Ping statistics for 192.168.20.1:
    Packets: Sent = 4, Received = 0, Lost = 4 (100% loss)
```

4．Internet 访问的测试

可以打开浏览器，输入网址如 http://www.baidu.com，如果能打开百度首页，那就说明 Internet 的链接是正常的。

2.3　新知识点

2.3.1　IP 地址

IP 地址的规划是网络设计中的一个重要环节，其设计的好坏关系到网络的性能、扩展、管理及应用。因此在组建一个局域网时，需要根据网络的节点进行必要的网络子网规划，子网规划主要有无子网编址和带子网编址两种。

1．无子网编址

无子网编址是指使用标准的子网掩码，不对网段进行细分。例如 B 类网段 172.16.0.0，采用 255.255.0.0 作为标准子网掩码，或 C 类网段 192.168.1.0，采用 255.255.255.0 作为标准子网掩码。外部将所有节点看作单一网络，不需要知道内部结构，所有到 192.168.1.X 的路由被认为同一方向。这种方案的优点是减少路由表的条目；缺点是无法区分网络内不同的子网网段，这时网络内所有主机都能收到在该网络内的广播，会降低网络的性能，另外也不利于管理。此方案可适用于小规模网络。

2．带子网编址

带子网编址是指将标准的网络掩码进一步扩展，即打破标准子网掩码固定的网络位格式，A 类地址将有不止 8 位网络位，可以增加到 9、10 甚至 30 位，B 类地址将有不止 16 位网络

位，可以增加到 17、18 甚至 30 位，而 C 类地址也将有不止 24 位网络位，也可以增加到 25、26 甚至 30 位。这种方案对外仍是一个网络，而对内部而言则分为不同的子网。划分子网后，各子网的广播将被隔离，各子网之间不能直接访问，需要通过路由器或三层交换机转发实现数据通信，从而提高网络的性能和安全性。

2.3.2 VLAN

1. 了解 VLAN

VLAN 是一种将局域网设备从逻辑上划分成一个个网段，从而实现虚拟工作组的新兴数据交换技术。如图 2-10 所示，划分 VLAN 之后，一个 VLAN 内部的广播和单播流量都不会转发到其他 VLAN 中，从而有助于控制流量、减少设备投资、简化网络管理、提高网络的安全性。

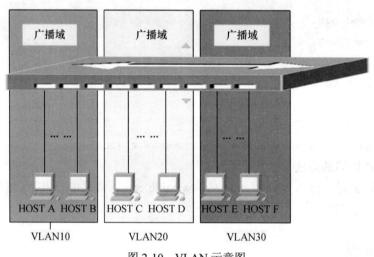

图 2-10　VLAN 示意图

VLAN 具有以下优点：

(1) 隔离广播风暴。限制网络上的广播，将网络划分为多个 VLAN 可减少参与广播风暴的设备数量。LAN 分段可以防止广播风暴波及整个网络。VLAN 可以提供建立防火墙的机制，防止交换网络的过量广播。使用 VLAN，可以将某个交换端口或用户赋于某一个特定的 VLAN 组，该 VLAN 组可以在一个交换网中或跨接多个交换机，在一个 VLAN 中的广播不会送到 VLAN 之外。同样，相邻的端口不会收到其他 VLAN 产生的广播。这样可以减少广播流量，释放带宽给用户应用，减少广播的产生。

(2) 安全。增强局域网的安全性，含有敏感数据的用户组可与网络的其余部分隔离，从而降低泄露机密信息的可能性。不同 VLAN 内的报文在传输时是相互隔离的，即一个 VLAN 内的用户不能和其他 VLAN 内的用户直接通信，如果不同 VLAN 要进行通信，则需要通过路由器或三层交换机等三层设备。

(3) 成本降低。成本高昂的网络升级需求减少，现有带宽和上行链路的利用率更高，因此可节约成本。

(4) 性能提高。将第二层平面网络划分为多个逻辑工作组(广播域)可以减少网络上不必要的流量并提高性能。

（5）增加了网络连接的灵活性。借助 VLAN 技术，能将不同地点、不同网络、不同用户组合在一起，形成一个虚拟的网络环境，就像使用本地 LAN 一样方便、灵活、有效。VLAN 可以降低移动或变更工作站地理位置的管理费用，特别是一些业务情况有经常性变动的公司在使用了 VLAN 后，这部分管理费用大大降低。

同一个 VLAN 中的所有成员共同拥有一个 VLAN ID，组成一个虚拟局域网络；同一个 VLAN 中的成员均能收到同一个 VLAN 中的其他成员发来的广播包，但收不到其他 VLAN 中成员发来的广播包；不同 VLAN 成员之间不可直接通信，需要通过路由支持才能通信，而同一 VLAN 中的成员通过 VLAN 交换机可以直接通信，不需路由支持。

2．理解 VLAN 原理

当 VLAN 交换机从工作站接收到数据后，会对数据的部分内容进行检查，并与一个 VLAN 配置数据库（该数据库含有静态配置的或者动态学习而得到的 MAC 地址等信息）中的内容进行比较后确定数据去向，如果数据要发往一个 VLAN 设备（VLAN-aware），一个标记（Tag）或者 VLAN 标识就被加到这个数据上，根据 VLAN 标识和目的地址，VLAN 交换机就可以将该数据转发到同一 VLAN 上适当的目的地；如果数据发往非 VLAN 设备（VLAN-unaware），则 VLAN 交换机发送不带 VLAN 标识的数据。

3．VLAN 配置

VLAN 的划分可依据不同原则，一般有以下几种划分方法：

（1）按端口划分。将 VLAN 交换机上的物理端口和 VLAN 交换机内部的 PVC（永久虚电路）端口分成若干个组，每个组构成一个虚拟网，相当于一个独立的 VLAN 交换机。这种按网络端口来划分 VLAN 网络成员的配置过程简单明了，因此，它是最常用的一种方式。其主要缺点在于不允许用户移动，一旦用户移动到一个新的位置，网络管理员必须配置新的 VLAN。

（2）按 MAC 地址划分。VLAN 工作基于工作站的 MAC 地址，VLAN 交换机跟踪属于 VLAN MAC 的地址，从某种意义上说，这是一种基于用户的网络划分手段，因为 MAC 在工作站的网卡（NIC）上。这种方式的 VLAN 允许网络用户从一个物理位置移动到另一个物理位置时，自动保留其所属 VLAN 的成员身份，但这种方式要求网络管理员将每个用户都一一划分在某个 VLAN 中，在一个大规模的 VLAN 中，这就有些困难；另外，笔记本电脑没有网卡，因而，当笔记本电脑移动到另一个站时，VLAN 需要重新配置。

（3）按网络协议划分。VLAN 按网络层协议来划分，可分为 IP、IPX、DECnet、AppleTalk、Banyan 等 VLAN 网络。这种按网络层协议来组成的 VLAN，可使广播域跨越多个 VLAN 交换机。这对于希望针对具体应用和服务来组织用户的网络管理员来说是非常具有吸引力的，而且，用户可以在网络内部自由移动，但其 VLAN 成员身份仍然保留不变。这种方式不足之处在于，可使广播域跨越多个 VLAN 交换机，容易造成某些 VLAN 站点数目较多，产生大量的广播包，使 VLAN 交换机的效率降低。

（4）按策略划分。基于策略组成的 VLAN 能实现多种分配方法，包括 VLAN 交换机端口、MAC 地址、IP 地址、网络层协议等。网络管理人员可根据自己的管理模式和本单位的需求来决定选择哪种类型的 VLAN。

（5）按用户定义、非用户授权划分。基于用户定义、非用户授权来划分 VLAN，是指为了适应特别的 VLAN 网络，特别的网络用户的特别要求来定义和设计 VLAN，而且可以让非 VLAN 群体用户访问 VLAN，但是需要提供用户密码，得到 VLAN 管理的认证后才可以加入一个 VLAN。

考虑到公司的实际情况，员工的计算机都是固定位置，适合采用按端口划分 VLAN 的方法。基本的配置步骤如下：

(1) 规划 VLAN。

(2) 创建 VLAN。

(3) 将端口划归到对应的 VLAN。

(4) 设置干道。

(5) VLAN 间的路由。

干道(Trunking，或者叫中继、VLAN 链路聚集)技术能实现在单条物理链路中承载多个 VLAN 的流量，如图 2-11 所示。

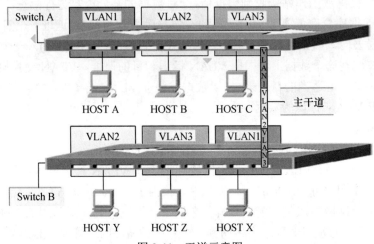

图 2-11　干道示意图

ISL 和 802.1Q 是 Cisco Catalyst 交换机所使用的两种干道协议，其中 ISL 是 Cisco 专有协议，而 802.1Q 是 IEEE 制定的业界标准，若网络中存在非 Cisco Catalyst 交换机，配置 VLAN 干道时只能使用 802.1Q。802.1Q 会在数据帧进入干道前对帧的头部进行改写，加入标识信息以识别该数据帧来自哪个 VLAN，并改写帧校验序列 FCS。当数据帧离开干道时这些标识信息被删去。而 ISL 采取的方法是对原始帧进行封装，不修改原始帧的任何内容，相当于在原始帧的外面再进行一次包装。这两种协议标识帧方法的对比如图 2-12 和图 2-13 所示。

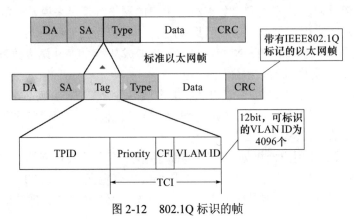

图 2-12　802.1Q 标识的帧

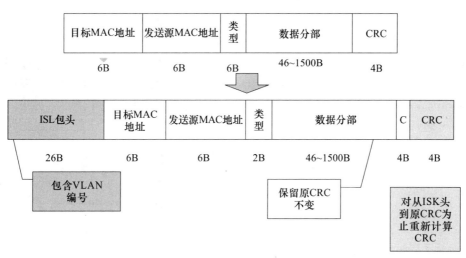

图 2-13　ISL 标识的帧

2.3.3　访问控制列表

访问控制列表(Access Control List，ACL)是一组按顺序排列的过滤规则，每条过滤规则是由匹配标准和一个过滤动作构成的。过滤动作不是拒绝就是允许；而过滤标准既可以用像源地址一样简单的参数，也可以复杂到使用诸如源和目的地址、协议类型、端口号或套接字和某些标记状态(如 TCP ACK 位)等参数的组合。路由器将从第一条规则开始逐条规则对数据包进行匹配，如果符合了某条规则的匹配标准，则执行该规则对应的过滤动作——拒绝或允许——而剩下的规则将被忽略。如果所有标准都不匹配，则执行排在最末尾的一条隐含的规则所规定的动作——拒绝一切！被拒绝的数据包会被自动丢弃。

由于过滤时是从上到下执行的，因此，规则的排列顺序非常重要。例如，定义一个访问控制列表：

```
access-list 1 permit any
access-list 1 deny 172.16.1.0 0.0.0.255
```

本来是想拒绝来自 172.16.1.0/24 这个网络的数据包的，但是由于访问控制列表是从第一条规则开始执行，而第一条规则是"permit any"允许一切，因此，所有数据包——不管是不是来自 172.16.1.0/24 网络——都将被"放行"，第二条规则永远都不会被执行。这肯定不是这个访问控制列表设计者所希望看到的。正确的做法是把这两条规则的顺序调换一下：

```
access-list 1 deny 172.16.1.0 0.0.0.255
access-list 1 permit any
```

在 IOS 12.2(14)版本之前，不能向已经定义好的访问控制列表的中间插入一行，所有新的输入均被添加到列表尾部。如果试图删去错误的一行，例如：

```
no access-list 1 permit any
```

那么访问控制列表 1 的所有行将与这一行一块被删除。推荐的做法是在记事本或在 TFTP 服务器上编辑好访问控制列表，然后才载入到路由器，应该注意的是，由于所有新的输入将被添加到列表尾部，因此，要始终将"no access-list 列表序号"这句命令写在被编辑访问控制列表的开始处，这样就可以删除旧的列表，例如：

```
no access-list 1
```

```
access-list 1 deny 172.16.1.0 0.0.0.255
access-list 1 permit any
```

在 IOS 12.2(14)版本后，列表中的每一行均会被自动加上序号，如果不手工指定序号，第一行将被指定为 10，后面每行的序号递增 10。有了这个特性，就可以往列表中间插入一行，也可以删除列表中的一行而不会导致整个列表被删掉。例如，原列表 1 的内容如下：

```
SwCompany#show access-list
Standard IP access list 1
    10 permit any
    20 deny 172.16.1.0, wildcard bits 0.0.0.255
```

现在要调整这两行的顺序，可以这么做：

```
SwCompany(config)#ip access-list standard 1
SwCompany(config-std-nacl)#no 10   (删除原来的第 10 行 "permit any")
SwCompany(config-std-nacl)#30 permit any
```

访问控制列表分为标准访问控制列表和扩展访问控制列表。标准访问控制列表主要针对源地址进行过滤，列表编号范围为 1～99 和/或 1300～1999(不同型号的路由器支持的范围不尽相同，需查阅用户手册及相关产品说明)，而扩展访问控制列表则允许对源地址、目的地址、协议、端口号等进行过滤，控制的粒度比标准访问控制列表更精细，其列表编号范围为 100～199 和/或 2000～2699(不同型号的路由器支持的范围不尽相同，需查阅用户手册及相关产品说明)。

进入访问控制列表有两种方式，一种方式是：

```
SwCompany(config)#access-list access-list-number {deny | permit} source[ source-wildcard]
```

另一种方式是：

```
SwCompany(config)#ip access-list {standard | extended} access-list-number
```

后一种方式将进入访问控制列表的配置模式，在这种模式下，可以指定每一行的序号和注释，格式如下：

```
[行的序号] {{{deny | permit} source [source-wildcard]} | {remark 注释}}
```

扩展访问控制列表的命令格式如下：

```
access-list access-list-number [dynamic dynamic-name [timeout minutes]]
{deny | permit} protocol source source-wildcard [operator [port]] destinatio
destination-wildcard [operator [port]] [established] [precedence precedence] [tos
tos] [log | log-input] [time-range time-range-name] [fragments]
```

(1) dynamic：表示这个列表是一个动态的访问列表，用于 "Lock-and-Key" 的安全特性。当用户通过 Telnet 访问路由器时，路由器使用像 TACACS+或者 RADIUS 这样的认证服务器进行认证，在动态入口处根据源和目的信息来允许或拒绝用户访问。

(2) timeout：定义一个临时规则，在一个动态列表中保留的最大时间，单位是分钟。默认情况下每一条规则都没有超时配置。

(3) operator：指定逻辑操作，可以是 eq(等于)、neq(不等于)、gt(大于)、lt(小于)、range(指定端口范围)。

(4) port：指定应用层端口号，可以用数字表示，也可以用端口对应的服务名称表示。

(5) established：用于阻止由外部发起的 TCP 连接，而内部发起的 TCP 连接则放行。

例如，内部网络属于 192.168.1.0/24 网段，希望允许内部发起的 TCP 连接而拒绝外部发起的 TCP 连接，可以使用命令：

```
access-list 110 permit tcp any 192.168.1.0 0.0.0.255 established
```

使用了 established 这个选项之后，通过检查 TCP 段头内的 ACK 和 RST 标记，如果这两个标记都没有被设置，表明源点正在向目标发起 TCP 连接，规则将不会匹配，如果后面没有匹配其他规则，这个数据包最终将会被列表末尾隐含的规则拒绝。

(6) precedence 和 tos：表示 IP 包头中的优先级字段和服务类型字段。

(7) time-range：定义访问控制列表有效的时间间隔。

(8) fragment：定义如何通过访问控制列表规则处理分段的数据包。

也可以使用命令：

```
SwCompany(config)#ip access-list extended access-list-number
```

进入访问控制列表配置模式进行配置，用法与标准访问控制列表相同。

2.3.4 DHCP 配置

1. 了解 DHCP

DHCP 是源于主机引导协议 BOOTP，用于为 TCP/IP 主机动态地分配 IP 地址。通过使用 DHCP，网络管理员可以实现更多的 DHCP 服务选项和类别。

DHCP 客户端获取 IP 地址过程如下：

(1) 查找 DHCP 服务器。DHCP 客户端第一次登录网络时，客户机上没有设定 IP，它会向网络发出一条 DHCPDiscover 广播消息以查找 DHCP 服务器。

(2) 提供 IP 租用地址。当 DHCP 服务器监听到客户端发出的 DHCPDiscover 广播后，它会从地址池中挑选一个尚未出租的 IP 存放在 DHCPOffer 消息中，用广播的方式传送给客户端。在与客户端还没完成 IP 租用程序之前，该 IP 会被保留起来，以免再分配给其他客户端。

(3) 接受 IP 租约。如果客户端收到网络上多台 DHCP 服务器的响应，会接受最先到达的那个 DHCPOffer，并且会向网络发送一个 DHCPRequest 广播消息，不但要告诉挑选到的 DHCP 服务器，还要通知其他没选上的 DHCP 服务器以便它们释放为该客户端保留的 IP 地址。同时，客户端还会向网络发送一个 ARP 消息，检查该 IP 地址是否已被使用。如果发现该 IP 已经被占用，客户端会送出一个 DHCPDecline 消息给 DHCP 服务器，并重新发送 DHCPDiscover 信息。

(4) 租约确认。当 DHCP 服务器接收到客户端的 DHCPRequest 之后，会向客户端发出一个 DHCPAck 响应，以确认 IP 租约的正式生效。

2. DHCP 服务的配置

在路由器或三层交换机上启用 DHCP 服务，根据 VLAN 及 IP 规划，为每个 VLAN 分别建立一个地址池，指定默认网关为该子网的最后一个可用 IP，为客户端指定首选 DNS 服务器和备用 DNS 服务器的地址。

在三层交换机或路由器上配置 DHCP 服务主要的步骤如下。

(1) 开启 DHCP 服务(可选，因为大部分设备默认就已经开启 DHCP)：

```
Router(config)#service dhcp
```

(2) 创建地址池：

```
Router(config)#ip dhcp pool 名称
```

(3) 配置要分配的地址范围：

```
Router(dhcp-config)#network 网络号 子网掩码
```

或者使用 range 命令来指定地址范围：

```
Router(dhcp-config)#range 低 IP 地址  高 IP 地址 子网掩码
```

(4) 配置租约期限，默认是 1 天：

```
Router(dhcp-config)#lease 天 时 分
```

(5) 指定 DNS 服务器地址：

```
Router(dhcp-config)#dns-server IP1 IP2[……]
```

(6) 指定默认网关：

```
Router(dhcp-config)#default-router 默认网关的 IP
```

(7) 指定客户机的域名后缀：

```
Router(dhcp-config)#domain-name 域名
```

(8) 指定 WINS 服务器地址：

```
Router(dhcp-config)#netbios-name-server WINS 服务器的 IP
```

(9) 指定客户机的 NetBIOS 节点类型[b-node/h-node/m-node/p-node]：

```
Router(dhcp-config)#netbios-node-type 节点类型
```

(10) 配置静态绑定，host 不能和 network 用在同一个地址池里：

```
Router(dhcp-config)#host 要绑定的 IP 地址 子网掩码
Router(dhcp-config)#hardware-address 客户端的 MAC 地址
```

(11) 配置要排除的地址：

```
Router(config)#ip dhcp excluded-address IP1 IP2[……]
```

(12) 配置 DHCP 中继。

在连接其他网络的 DHCP 服务器的接口上指定 DHCP 服务器地址：

```
Router(config-if)#ip helper-address [global] IP 地址
```

或者在全局模式下使用 ip dhcp-server 命令来指定 DHCP 服务器地址：

```
Router(config)#ip dhcp-server DHCP 服务器的 IP 地址
```

以上是在配置 DHCP 时常用的配置命令，可以根据需要来配置相关的参数。

相关的测试命令如下：

```
sh ip dhcp binding //显示地址分配情况
show ip dhcp conflict //显示地址冲突情况
debug ip dhcp server {events | packets | linkage} //观察 DHCP 服务器工作情况
```

需要注意的是，不同的产品在可用的配置命令方面可能会有些差别，在配置时应该阅读产品手册和 IOS 的上下文帮助信息。

2.3.5 静态路由

静态路由是指由网络管理员手工配置的路由信息。当网络的拓扑结构或链路的状态发生变化时，网络管理员需要手工去修改路由表中相关的静态路由信息。静态路由信息在默认情况下是私有的，不会传递给其他的路由器。当然，网管员也可以通过对路由器进行设置使之成为共享的。静态路由一般适用于比较简单的网络环境，在这样的环境中，网络管理员易于清楚地了解网络的拓扑结构，便于设置正确的路由信息。

创建静态路由的命令如下：

ip route prefix mask {next-hop-address | interface} [distance] [permanent] [tag tag]

(1) prefix mask：要加入到路由表中的远程网络的地址和子网掩码。

(2) next-hop-address：可用来到达目标网络的下一跳的 IP 地址。

(3) interface：可用来到达目标网络的本地路由器的出站接口，如果指定出站接口，路由器将该静态路由视作直连路由。

(4) distance：给路由指定的管理距离。

(5) permanent：指定即使与该路由相关联的接口进入 down 状态，该路由也不会从路由表中删除。

(6) tag tag：在路由映射中用来匹配的值。

静态路由的配置有两种方法(以图 2-14 为例)：带下一跳地址的静态路由和带送出接口的静态路由。

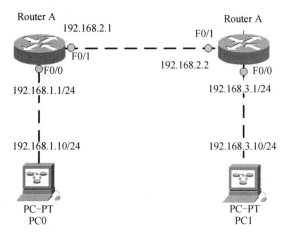

图 2-14　静态路由

方法一：

router(config)#hostname router-A (更改路由器主机名)

router-A (config)#interface f0/0 (进入接口 f0/0)

router-A (config-if)#ip address 192.168.1.1 255.255.255.0 (设置接口 ip 地址和子网掩码)

router-A (config-if)#no shutdown (启用接口)

router-A (config)#interface f0/1

router-A (config-if)#ip address 192.168.2.1 255.255.255.0

router-A (config-if)#no shutdown

router-A (config)#ip route 192.168.3.0 255.255.255.0 f0/1

(目标网段 ip 地址 目标子网掩码 送出接口(路由器 A 或者 A(config)#ip route 192.168.3.0 255.255.255.0 192.168.2.2 (目标网段 ip 地址 目标子网掩码 下一路由器接口 ip 地址)))

方法二：

router(config)#hostname router-B

router-B (config)#interface f0/0

```
router-B (config-if)#ip address 192.168.3.1 255.255.255.0
router-B (config-if)#no shutdown
router-B (config)#interface f0/1
router-B (config-if)#ip address 192.168.2.2 255.255.255.0
router-B (config-if)#no shutdown
router-B (config)#ip route 192.168.1.0 255.255.255.0 192.168.2.1
```

或者 router-B (config)#ip route 192.168.1.0 255.255.255.0 f0/1(目标网段 ip 地址 目标子网掩码 送出接口(路由器 B))

2.3.6 默认路由

默认路由是一种特殊的静态路由，指的是当路由表中与包的目的地址之间没有匹配的表项时路由器能够做出的选择，如果没有默认路由，那么目的地址在路由表中没有匹配表项的包将被丢弃，默认路由在某些时候非常有效，当存在末梢网络时，默认路由会大大简化路由器的配置，减轻管理员的工作负担，提高网络性能。

要创建静态默认路由，可以使用命令：

```
ip route 0.0.0.0 0.0.0.0 {next-hop-address | interface}
```
配置示例(以图 2-15 为例)如下：

```
R1(config)#ip route 0.0.0.0 0.0.0.0 10.0.0.2
R3(config)#ip route 0.0.0.0 0.0.0.0 20.0.0.1
```

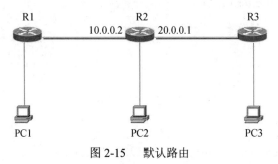

图 2-15　默认路由

2.4　网络故障处理

2.4.1　系统总是报告"网络电缆被拔出"

计算机的操作系统总是报告"网络电缆被拔出"，如图 2-16 和图 2-17 所示。

图 2-16　操作系统报告"网络电缆被拔出"

图 2-17　操作系统报告"网络电缆被拔出"

可能的原因有三个：网线的连通性故障、网卡故障、所连接的交换机端口故障。这三个可能性需要逐一地排查。

1. 排查是否因网线连通性故障所致

使用网络电缆测试仪(图 2-18)对所用的网线进行测试，如果连通性正常，那么测试仪的八盏灯会呈流水式地逐一点亮。

图 2-18　简易网络电缆测试仪

2. 排查是否因网卡故障所致

可以采用替换的方法，用一张可以正常工作的网卡替换原有的网卡，接上网线看网络能否恢复。如果替换后网络恢复连通，则说明原来那张网卡出现故障。

3. 排查是否因交换机端口故障所致

将网线插入另一个交换机端口(如果之前为了安全关闭了空闲的端口，那么要先把端口打开，在接口配置模式下用 no shutdown 这个命令将端口开启)，看计算机的网络是否恢复。如果恢复，则说明交换机端口出现故障。

2.4.2　数据包丢包现象严重

计算机自从更换了新网卡之后就经常出现这种现象：访问其他计算机时有时成功有时失败，通过执行 ping 命令进行测试操作时发现丢包现象严重。原来都能正常访问的计算机更换网卡后就出现了这种现象，需要考虑会不会是网卡和交换机的端口在传输速度或双工模式方面存在匹配问题。在出故障的计算机上打开"本地连接属性"对话框，单击"配置"按钮，检查网卡的传输速度和双工模式，如图 2-19 所示。

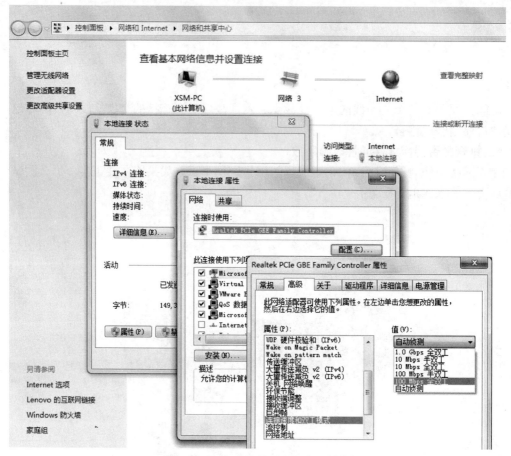

图 2-19　网卡的传输速度和双工模式

发现网卡的传输速度为 10Mb/s，再登录交换机查看与该计算机相连的接口转发速度却是100Mb/s，很显然故障是由于速度不匹配引起的。在将网卡的传输速度和双工模式修改为"100Mb/s 全双工"或者"自动侦测"之后，故障消失了。

2.5　任务总结与评价

小组对搭建的小型企业网络进行展示，由小组代表介绍网络组建与故障排除的过程，师生展开讨论并评价。

通过观察小组开展协作活动的情况，包括小组的组织管理、工作过程及各环节的衔接，了解小组成员的体会，对小组中的个体进行评价。根据学生在工作过程中实践技能的掌握和工作过程的素质形成来对学生进行评价。

评价可以按下列表格的形式进行：自我评价表，见表 2-5；小组互评表，见表 2-6；教师评价表，见表 2-7。

表 2-5　自我评价表

姓名		学号		评价总分	
班级		所在小组			
实训项目	考核标准			评价分数	
				分值	得分
网络规划方案设计	考核 IP 规划是否合理，网络设备选型是否准确，格式是否规范，能独立完成网络拓扑图的绘制，是否能够按时完成并说明方案设计			15	
内部局域网组建	按工作任务完成情况进行评价考核。主要考核能否按用户要求实现 VLAN 划分、DHCP、ACL 等配置			25	
广域网接入	按工作任务完成情况进行评价考核。主要考核能否按用户要求实现 ADSL 和默认路由的配置			25	
设备连接、测试与诊断	根据实际任务需要，合理选择线缆连接设备；根据组建的网络测试其是否满足规划方案的要求；能否准确定位故障；能否自行优化与改进			15	
团队协作能力	考查在小组团队完成工作任务中的表现，是否积极参与小组的学习，能否与团队其他成员合作沟通、交流、互相帮助			20	
自我综合评价与展望					
				年　月　日	

表 2-6　小组互评表

姓名		评价人		评价总分	
班级		所在小组			
小组评价内容	考核标准			评价分数	
				分值	得分
实训资料归档、实训报告	考查能否积极参与工作任务的计划阶段，主动参与学习与讨论，积极参与工作任务的实施，是否能独立按时完成实训报告			10	
团队合作	考查在小组团队完成工作任务中的表现，是否积极参与小组的学习、讨论、交流和沟通，是否能与小组其他成员协作共同完成团队工作任务			10	
网络规划方案的设计	考核 IP 规划是否合理，网络设备选型是否准确，格式是否规范，能独立完成网络拓扑图的绘制，是否能够按时完成并说明方案设计			10	
内部局域网组建	按工作任务完成情况进行评价考核。主要考核能否按用户要求实现 VLAN 划分、DHCP、ACL 等配置			20	
互联网接入	按工作任务完成情况进行评价考核。主要考核能否按用户要求实现 ADSL 和默认路由的配置			20	

姓名		评价人		评价总分	
班级		所在小组			
小组评价内容		考核标准		评价分数	
				分值	得分
设备连接、测试与诊断		根据实际任务需要，合理选择线缆连接设备；根据组建的网络测试其是否满足规划方案的要求；能否准确定位故障；能否自行优化与改进		15	
小组成员互评满意度		评价各个成员在整体项目的参与、协作、提出有针对性的建议等方面，是否团队骨干，是否达到项目的任务目标		15	
综合评价与展望				年 月 日	

表 2-7 教师评价表

小组及成员					
考核教师			评价总分		
考核内容		考核标准		评价分数	
				分值	得分
技术实现	网络规划方案的设计	考核 IP 规划是否合理，网络设备选型是否准确，格式是否规范，能独立完成网络拓扑图的绘制，是否能够按时完成并说明方案设计		15	
	内部局域网组建	按工作任务完成情况进行评价考核。主要考核能否按用户要求实现 VLAN 划分、DHCP、ACL 等配置		20	
	广域网接入	按工作任务完成情况进行评价考核。主要考核能否按用户要求实现 ADSL 和默认路由的配置		20	
	设备连接、测试与诊断	根据实际任务需要，合理选择线缆连接设备；根据组建的网络测试其是否满足规划方案的要求；能否准确定位故障；能否自行优化与改进		15	
规范操作	技术应用	完成各项工作任务所采用的方法与手段是否合理		5	
	资料管理	资料收集、整理、保管是否有序，资料是否进行了装订，是否有目录		5	
	工具使用与摆放	物品摆放是否整齐有序，工具是否按要求放回原处，是否对工位进行清洁整理		5	
团队合作		依据小组团队学习的积极性和主动性，参与合作、沟通、交流的程度，互相帮助的气氛，团队小组成员是否协作共同完成团队工作任务进行评价		15	
评语				年 月 日	

第3章 商务办公大厦网建设

3.1 任务描述

某公司由于业务发展，规模不断扩大，于是规划在工业园区新建一幢智能化办公大楼，该大厦共11层。工业园区中所有的大厦都已统一规划铺设接入光纤，各个企业只需根据自身需求组建内部网络即可。

目前该公司具体网络需求如下：

(1) 由于业务需求，公司网络须具备较高的可靠性。

(2) 员工终端可通过DHCP方式自动获取IP地址等信息，以便访问Internet。

(3) 实现一定的安全性以避免计算机病毒传播。

(4) 根据公司大厅和多功能厅人员流动的特性,实现有线与无线同时接入并解决无线接入的安全认证问题。

(5) 保障公司财务部门的安全需求。

(6) 内网WWW服务器提供高速的Web访问功能。

(7) 整个网络的网络设备要支持统一的网络管理，便于今后的维护和扩容。

3.2 实现过程

由于该公司对网络性能及可靠性要求较高，因此规划与设计该公司大厦网络建设方案时应遵循以下几个基本原则：

(1) 产品对环境的适应能力强。尽可能避免因电力供应不足导致设备坏损而引起的网络中断。

(2) 良好的安全性和易管理性。对于公司的网络而言，安全性是至关重要的因素。尤其是在保障公司内部资料、个人信息隐私，蠕虫病毒、BT占用网络带宽等方面。

(3) 网络的灵活性、可扩充性强。随着公司规模的发展，接入终端可能会成倍增长，这就要求公司网络具有良好的可扩充性，避免因接入终端的增加影响网络总体性能。因此设计中通过采用结构化、模块化的设计形式，满足系统及用户各种不同的需求，适应不断变革中的要求。特别是大厦网络建设项目的核心交换机、汇聚交换机的扩展能力，如端口数、交换背板、路由能力、堆叠能力等，同时保障系统投资建设的长期性效益。

(4) 可靠性、先进性、冗余性。随着在宽带网络上的应用软件的发展，远程会议、三维动画、产品视频演示、话音等办公手段的应用对网络的带宽、服务质量等要求越来越高，这对网络的技术先进性提出了较高的要求。另外，对于要求可靠性较高的网络项目而言，要尽可能避免软硬件上的单点故障。

3.2.1 网络拓扑结构图设计

由于该大厦的网络系统不仅承担着基础业务的网络传输，将来还承担更多网络业务的数据传输，因此项目组采用层次化的三层网络结构，即核心层(网络的高速交换主干)、汇聚层(提供基于策略的连接)、接入层(将工作站接入网络)的三层网络结构。该大厦的网络拓扑结构图如图3-1所示。

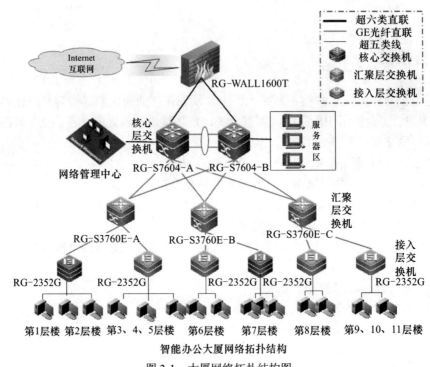

图 3-1   大厦网络拓扑结构图

3.2.2   VLAN 规划设计

根据该公司实际情况及业务需求，大厦 VLAN 规划见表 3-1。

表 3-1   VLAN 分配信息表

序号	VLAN-ID	VLAN Name	IP/Subnetwork	备注
1	10	Sec_vlan	172.16.0.0/24	安全保卫科
2	20	Ep_vlan	172.16.1.0/24	环保科
3	30	Plan_vlan	172.16.2.0/24	计划部
4	40	Mark_vlan	172.16.3.0/24	市场部
5	50	Pur_vlan	172.16.4.0/24	采购部
6	60	Sell_vlan	172.16.5.0/24	销售部
7	70	Store_vlan	172.16.6.0/24	库房管理
8	80	Qua_vlan	172.16.7.0/24	质检部
9	90	Info_vlan	172.16.8.0/24	资料科

序号	VLAN-ID	VLAN Name	IP/Subnetwork	备注
10	100	Tec_vlan	172.16.9.0/24	技术部
11	110	Ser_vlan	172.16.10.0/24	服务器区
12	120	Center_vlan	172.16.11.0.24	技术服务部
13	130	Con_vlan	172.16.12.0.24	咨询服务部
14	140	Adv_vlan	172.16.13.0/24	广告宣传部
15	150	Per_vlan	172.16.14.0/24	人事部
16	160	Fina_vlan	172.16.15.0/24	财务部
17	180	Man_vlan	172.16.16.0/24	经理区
18	190	Meeting_vlan	172.16.17.0/24	多功能厅、会议室
19	1000	NetMan_vlan	172.16.20.0/24	网管 VLAN
20	1023	路由通信	10.10.10.0/28	通信 VLAN
21	1024	路由通信	10.10.10.16/28	通信 VLAN
22	1025	路由通信	10.10.10.32/28	通信 VLAN
23	1026	路由通信	10.10.10.48/28	通信 VLAN
24	1027	路由通信	10.10.10.64/28	通信 VLAN
25	1028	路由通信	10.10.10.96/28	通信 VLAN

3.2.3 IP 地址规划设计

大厦网络 IP 地址规划见表 3-2。

表 3-2   ip 地址分配表

序号	部门	IP 地址范围	子网掩码	网关
1	安全保卫科	172.16.0.1-254	255.255.255.0	172.16.0.1
2	环保科	172.16.1.1-254	255.255.255.0	172.16.1.1
3	计划部	172.16.2.1-254	255.255.255.0	172.16.2.1
4	市场部	172.16.3.1-254	255.255.255.0	172.16.3.1
5	采购部	172.16.4.1-254	255.255.255.0	172.16.4.1
6	销售部	172.16.5.1-254	255.255.255.0	172.16.5.1
7	库房管理	172.16.6.1-254	255.255.255.0	172.16.6.1
8	质检部	172.16.7.1-254	255.255.255.0	172.16.7.1
9	资料科	172.16.8.1-254	255.255.255.0	172.16.8.1
10	技术部	172.16.9.1-254	255.255.255.0	172.16.9.1
11	中心机房	172.16.10.1-254	255.255.255.0	172.16.10.1
12	技术服务部	172.16.11.1-254	255.255.255.0	172.16.11.1
13	咨询服务部	172.16.12.1-254	255.255.255.0	172.16.12.1
14	广告宣传部	172.16.13.1-254	255.255.255.0	172.16.13.1

序号	部门	IP 地址范围	子网掩码	网关
15	人事部	172.16.14.1-254	255.255.255.0	172.16.14.1
16	财务部	172.16.15.1-254	255.255.255.0	172.16.15.1
17	经理区	172.16.16.1-254	255.255.255.0	172.16.16.1
18	多功能厅、会议室	172.16.17.1-254	255.255.255.0	172.16.17.1
19	网络管理	172.16.20.1-254	255.255.255.0	172.16.20.1
20	通信 IP	10.10.10.0	255.255.255.0	

3.2.4　网络设备选型

设备进行选型时，网络设计人员应根据各个厂商技术实力、产品技术水平及性价比等进行综合考虑，从而在设计方案中选择合适的网络设备进行组网。在本项目采用了锐捷网络设备。

1．防火墙设备选型

根据大厦的现状及未来几年的业务发展，满足大厦安全出口需求，采用锐捷 RG-WALL 1600T 防火墙作为出口安全设备。

RG-WALL 1600T 是面向大中型园区网出口用户开发的新一代电信级高性能防火墙设备。RG-WALL 1600T 采用了最新的硬件平台和体系架构，可支持几十个 GE 接口，广泛应用于教育、政府、金融、医疗、军队、医疗等行业的千兆网络环境。RG-WALL 1600T 防火墙主要技术参数见表3-3。

表3-3　防火墙设备主要技术参数表

产品型号	RG-WALL 1600T
系统性能	
固定接口	4GE+8SFP
模块插槽	支持1个扩展槽
MTBF	≥100000h
操作系统	RG-SecOS
二层透明模式	支持
三层路由模式	支持
混合模式	支持
STP 和 BPDU 协议	支持
每接口用户数	无限制
防火墙特性	
攻击检测保护	支持
虚拟防火墙	支持256个
MCE	支持
关键字过滤	支持

产品型号	RG-WALL 1600T
URL 过滤	支持
阻断 URL 列表导入	支持256个 URL
内置防病毒	支持
动态端口协议检测	支持 FTP、PPTP、RSTP、STP、SQL NET、TFTP、MMS、H.323、H.323GK
配置及操作	支持 CLI、SSH、WEB
路由特性	
OSPF 动态路由	支持
RIP 动态路由	RIPv1/v2均支持
静态路由	支持
H.323 over NAT	支持
策略路由、规则路由	支持
系统管理	
本地管理员数据库	支持
限制性的管理网络	支持
管理员分级	支持
认证方法	支持证书、第三方证书，及电子钥匙
管理方式	支持 WEB、命令行
病毒库的更新	支持

2．核心层交换机设备选型

核心交换机要求具备高转发、安全及承受负载大等性能特性。根据锐捷 RG-S7604三层路由交换机性能特性该款交换机完全符合该大厦客户的业务需求，因此在该项目规划中我们采用了锐捷 RG-S7604三层路由交换机作为该网络的核心交换机，值得一提的是该款交换机兼容 IPV6业务传输从而有效保护了该企业网络的投资。

RG-S7604交换机(图3-2)是锐捷网络推出的以业务为核心、面向下一代网络的万兆骨干路由交换机，提供大容量、高密度、模块化体系架构，完全满足城域以太网、下一代 IPv6网络、大型企业园区网的各种需求，主要具体技术参数见表3-4。

图3-2　RG-S7604 交换机图

表 3-4 核心交换机主要技术参数表

产品型号	RG-S7604
模块插槽	4个
背板	1T
交换容量	432Gb/s
包转发速率	276.8Mp/s
IPv6基础协议	ND(邻居发现)、ICMPv6、Path MTU Discovery、DNSv6、DHCPv6、ICMPv6、ICMPv6重定向、ACLv6、TCP/UDP for IPv6、SOCKET for IPv6、SNMP v6、Ping /Traceroute v6、IPv6 TACACS+/ RADIUS、Telnet/SSH v6、FTP/TFTP v6、NTP v6、IPv6 MIB support for SNMP、VRRP for IPv6、IPv6 QoS
高可靠设计	支持 RERP(快速以太网环保护协议) 支持 REUP 双链路快速切换技术 支持 RLDP 单向链路检测技术 支持 TPP(拓扑保护技术) 支持 LD(线缆检测)技术 支持双引擎热备、NSF(数据不间断转发) 支持电源1+1冗余备份、采用无源背板设计、风扇采用冗余设计、所有单板和电源模块支持热插拔功能
管理方式	SNMP v1/v2/v3、Telnet、Console、WEB、RMON、SSHv1/v2、FTP/TFTP 文件上下载管理、支持 NTP 时钟、支持 Syslog

3. 汇聚层交换机设备选型

考虑到 IPv4几近耗尽，而 IPv6技术在未来的网络将成为主要运用，为了避免客户的重复投资建设，对网络设备进行选型时需要考虑设备对 IPv6技术的支持及支持 POE 模块供电(无线 AP 设备供电)，因此在该网络规划中我们选用了支持 IPv6的锐捷 RG-S3760E-24P 交换机作为汇聚层交换机。

RG-S3760E-24P 是锐捷网络推出的一款全面支持 IPv6的机架式多层交换机系列产品，具体技术参数见表3-5。

表 3-5 汇聚层交换机主要技术参数表

产品型号	RG-S3760E-24P	
产品描述	(支持 P o E 远程供电)，2个 S F P/GT 光电复用口(S F P 为千兆/百兆口)，1个扩展槽，支持 R P S，S 376 0 E-24P 整机机内电源支持最大 POE 功率370W，S3760E-48P 整机机内电源支持最大 POE 功率370W，带 RPS1100可达740W，双协议栈 IPv4/IPv6多层交换机	
背板	49.6Gb/s	
IPv4包转发速率	L2：线速(12.8/16.4Mp/s)	
	L3：线速(12.8/16.4Mp/s)	
IPv6包转发速率	L2：线速(12.8/16.4Mp/s)	
	L3：线速(12.8/16.4Mp/s)	

产品型号	RG-S3760E-24P
IPv4 ACL	支持灵活多样的硬件 ACL，如标准 IP ACL(基于 IP 地址的硬件 ACL)、扩展 IP ACL(基于 IP 地址、TCP/UDP 端口号的硬件 ACL)、MAC 扩展 ACL(基于源 MAC 地址、目的 MAC 地址和可选的以太网类型的硬件 ACL)、专家级 ACL(可同时基于 VLAN 号、以太网类型、MAC 地址、IP 地址、TCP/UDP 端口号、协议类型、时间等灵活组合的硬件 ACL)、时间 ACL 等，提高对各种网络病毒和网络攻击的防御能力
IPv6 ACL & QoS	支持源/目的 IPv6 地址、源/目的端口、IPv6 报文头的流量类型(Traffic class)、时间选项的硬件 IPv6 ACL 和 IPv6 QoS
Defeat IP Scan (防 IP 扫描)	支持
管理协议	SNMPv1/v2c/v3、CLI(Telnet /Console)、RMON(1，2，3，9)、SSH、SNTP、NTP、Syslog

4. 接入层交换机设备选型

接入层选用锐捷 RG-S2352G 交换机作为接入层交换机。

RG-S2352G 是锐捷网络为满足构建多业务支持、易管理、高安全网络量身定制的以太网交换机。通过实施多种多样的安全策略，可有效防止和控制网络病毒的扩散。RG-S2352G 还可提供基于硬件的 IPv6 ACL，方便未来网络的升级扩展。具体技术参数见表3-6。

表 3-6　接入层交换机主要技术参数表

产品型号		RG-S2352G	
固定端口		48 端口 10/100M 自适应，2 个 10/100/1000M 自适应端口和 2 个千兆 SFP 光口复用	
交换容量		19.2Gb/s	19.2Gb/s
包转发能力		9.6Mp/s	13.2Mp/s
产品特性			
VLAN		支持 4K 个 802.1Q VLAN	
链路聚合		支持	
端口镜像		支持 SPAN	
生成树		支持 STP、RSTP、MSTP	
组播		支持 IGMP Snooping v1/v2/v3	
DHCP		DHCP Client、DHCP Relay、DHCP Snooping、DHCP Snooping Trust	
ACL & QoS	ACL	支持标准 IP ACL(基于 IP 地址的硬件 ACL)、扩展 IP ACL(基于 IP 地址、传输层端口号的硬件 ACL)、MAC 扩展 ACL(基于源 MAC 地址、目的 MAC 地址和可选的以太网类型的硬件 ACL)、基于时间的 ACL、IPv6 ACL 等	
	QoS	支持端口流量识别、支持 802.1p/DSCP 流量分类、每端口四个优先级队列、支持 SP、WRR 队列调度	
安全特性		支持 IP、MAC、端口三元素绑定、限制端口学习 MAC 地址数量、过滤非法的 MAC 地址 支持 802.1x 支持客户端自动分发 支持 DAI 支持 ARP-Check 支持广播风暴抑制、管理员分级管理和口令保护、设备登陆管理的 AAA 安全认证 支持 SSH、支持 BPDU Guard	
管理特性		SNMPv1/v2c/v3、WEB、CLI(Telnet/Console)、RMON(1，2，3，9)、SSH、Syslog、NTP/SNTP、线缆检测	

结合该公司的业务需求及接入信息点冗余考虑，需采购的主要网络设备清单见表 3-7。

表 3-7　主要设备清单

设备名称	型号	数量	参考价格	备注
防火墙	RG-Wall 1600T	1	87000	87000
核心交换机	RG-S7604	2	75000	150000
汇聚层交换机	RG-S3760E	3	9300	27900
接入层交换机	RG-S2352G	8	17200	137600
AP		5	2500	

3.2.5　网络设备连接

在设计网络系统设备的连接时，需要考虑的方面比较多，如网络设备的主要作用，所处位置所支持的连接方式、连接规则，以及各种传输介质的长度限制等。主要网络设备连接列表见表 3-8。

表 3-8　主要设备端口连接列表

楼层	汇聚层设备	上联(核心设备)	下联(接入层设备)
第一层	RG-S3760E-24P(interface GigabitEthernet 0/24) (GigabitEthernet 0/25)	RG-S7604-A(interface GigabitEthernet 3/12)	RG-S2352G(interface GigabitEthernet 1/1)
第二层			RG-S2352G(interface GigabitEthernet 1/1)
第三层		RG-S7604-B(interface GigabitEthernet 3/12)	RG-S2352G(interface GigabitEthernet 1/1)
第四层			
第五层			
第六层	RG-S3760E-24P(interface GigabitEthernet 0/24) (GigabitEthernet 0/25)	RG-S7604-A(interface GigabitEthernet 3/3)	RG-S2352G(interface GigabitEthernet 1/1)
第七层		RG-S7604-B(interface GigabitEthernet 3/13)	RG-S2352G(interface GigabitEthernet 1/1)
第八层	RG-S3760E-24P(interface GigabitEthernet 0/24) (GigabitEthernet 0/25)	RG-S7604-A(interface GigabitEthernet 3/14)	RG-S2352G(interface GigabitEthernet 1/1)
第九层		RG-S7604-B(interface GigabitEthernet 3/14)	RG-S2352G(interface GigabitEthernet 1/1)
第十层			
第十一层			

对于网络设备连接上应严格按照网络施工要求进行连接，并详细标注连接位置，以便工程验收与后期维护。

3.2.6　内部局域网组建

根据大厦应用的需求分析及其对网络的要求，大厦内部网络要实现核心层冗余，在汇聚层实现 DHCP Service，在接入层实现部分安全访问，并在内部网络中建立多个逻辑子网，每个客户端自动获取 IP 地址并实现安全办公，经过认证的客户能访问内部服务资源。网络实现智能化管理，支持大量的多媒体服务。

根据项目需求，核心、汇聚及接入层交换机进行相应的 VLAN 配置、RSTP 配置、DHCP Service、路由配置等，保证主干网络畅通。

核心交换机 RG-S7604-A 关键配置清单如下：

```
S7604-A#configure terminal
S7604-A(config)#vlan 110
S7604-A(config-vlan)#name Ser_vlan
S7604-A(config)#interface FastEthernet 1/1
S7604-A(config-if)# description down_link_to_web_service
S7604-A(config-if)#switchport access vlan 110
S7604-A(config)# int vlan 110
S7604-A(config-if)#ip add 172.16.10.1 255.255.255.0
S7604-A(config)#vlan 1000
S7604-A(config-vlan)#name NetMan_vlan
S7604-A(config)#interface FastEthernet 1/4
S7604-A(config-if)#description down_link_to_net_manage
S7604-A(config-if)#medium-type fiber
S7604-A(config-if)#switchport access vlan 1000
S7604-A(config)#int vlan 1000
S7604-A(config-if)#ip add 172.16.20.1 255.255.255.0
S7604-A(config-vlan)#exit
S7604-A(config)#interface GigabitEthernet 3/1
S7604-A(config-if)#description down_link_to_first_floor_switch
S7604-A(config-if)#medium-type fiber
S7604-A(config-if)#switchport mode trunk
S7604-A(config-if)#switchport trunk native vlan 4093
S7604-A(config)#interface GigabitEthernet 3/2
S7604-A(config-if)#description down_link_to_sixth_floor_switch
S7604-A(config-if)#medium-type fiber
S7604-A(config-if)#switchport mode trunk
S7604-A(config-if)#switchport trunk native vlan 4093
S7604-A(config)#interface GigabitEthernet 3/3
S7604-A(config-if)#description down_link_to_ninth_floor_switch
S7604-A(config-if)#medium-type fiber
S7604-A(config-if)#switchport mode trunk
S7604-A(config-if)#switchport trunk native vlan 4093
S7604-A(config)#vlan 1023
S7604-A(config-if)#name A_down_first
S7604-A(config)#int vlan 1023
```

```
S7604-A(config-if)#ip add 10.10.10.1 255.255.255.252
S7604-A(config)#vlan 1025
S7604-A(config-if)#name A_down_sixth
S7604-A(config)#int vlan 1025
S7604-A(config-if)#ip add 10.10.10.5 255.255.255.252
S7604-A(config)#vlan 1027
S7604-A(config-if)#name A_down_eight
S7604-A(config)#int vlan 1027
S7604-A(config-if)#ip add 10.10.10.9 255.255.255.252
S7604-A(config)int aggregatePort 1
S7604-A(config-if)#no switchport
S7604-A(config)#int aggregateport 1
S7604-A(config-if)#ip add 10.10.10.248 255.255.255.252
S7604-A(config-if)#ip ospf cost 1
S7604-A(config)#interface GigabitEthernet 4/32
S7604-A(config-if)#no switchport
S7604-A(config-if)#description S7604A_link_to_firewall
S7604-A(config-if)#medium-type fiber
S7604-A(config-if)#ip add 10.10.10.253 255.255.255.252
```

S7604-A 上的静态路由与 OSPF 动态协议路由配置:

```
router ospf
area 0.0.0.0
network 172.16.1.0 0.0.0.255 area 0.0.0.0
network 172.16.2.0 0.0.0.255 area 0.0.0.0
network 172.16.3.0 0.0.0.255 area 0.0.0.0
network 172.16.4.0 0.0.0.255 area 0.0.0.0
network 172.16.5.0 0.0.0.255 area 0.0.0.0
network 172.16.6.0 0.0.0.255 area 0.0.0.0
network 172.16.7.0 0.0.0.255 area 0.0.0.0
network 172.16.8.0 0.0.0.255 area 0.0.0.0
network 172.16.9.0 0.0.0.255 area 0.0.0.0
network 172.16.10.0 0.0.0.255 area 0.0.0.0
network 172.16.11.0 0.0.0.255 area 0.0.0.0
network 172.16.12.0 0.0.0.255 area 0.0.0.0
network 172.16.20.0 0.0.0.255 area 0.0.0.0
network 10.10.10.0 0.0.0.3 area 0.0.0.0
!
ip route 0.0.0.0 0.0.0.0 FastEthernet 4/32  10.10.10.254  enabled
```

在此给出第一层楼的汇聚交换机 RG-S3760E-24P 上关键配置清单,其他楼层汇聚交换机配置类似。

[RG-S3760E-24P] 关键配置清单如下：

```
！(此处省略……)
vlan 10
 name Sec_vlan
！(相似配置，此处省略)
vlan 1000
name  net_manage
vlan 1023
vlan 1024
vlan 4093
！
no service password-encryption
service dhcp
ip dhcp ping packets 1
！
ip dhcp pool  Sec_vlan
lease 1 10 10
network 172.168.0.0 255.255.255.0
dns-server 202.192.68.100
default-router 172.16.0.1
！(相似配置，此处省略)
enable secret level 1 5 %0, 1u_;CXY-8U0<D^'.tj9=G3+/7R:>H
enable secret level 15 5 *^q.Y*T7XWqtZ[V/5wsS(\W&Qx1X)sv'
port-security arp-check
port-security arp-check cpu
spanning-tree mode rstp
hostname first-switch
interface FastEthernet 0/1
switchport access vlan 10
！(相似配置，此处省略)
interface GigabitEthernet 0/26
description down_link_to_firstR2352G
switchport mode trunk
storm-control broadcast
storm-control multicast
！
interface GigabitEthernet 0/27
description up_link_to_S7604-A
medium-type fiber
switchport mode trunk
```

```
switchport trunk native vlan 4093
!
interface GigabitEthernet 0/28
description up_link_to_S7604-B
medium-type fiber
switchport mode trunk
switchport trunk native vlan 4093
!
interface VLAN 10
no ip proxy-arp
ip address 172.16.0.1 255.255.255.0
!(相似配置，此处省略)
interface VLAN 1024
ip ospf cost 100    !定义ospf的cost值以进行路径选择
no ip proxy-arp
ip address 10.10.10.5 255.255.255.252
!
router ospf  30
0.0.0.0
network 172.16.0.0 0.0.0.255 area 0
network 172.16.1.0 0.0.0.255 area 0
network 172.16.2.0 0.0.0.255 area 0
network 172.16.3.0 0.0.0.255 area 0
network 172.16.4.0 0.0.0.255 area 0
network 172.16.5.0 0.0.0.255 area 0
network 172.16.6.0 0.0.0.255 area 0
network 172.16.20.0 0.0.0.255 area 0
network 10.10.10.0 0.0.0.3 area 0
!
snmp-agent community write private
snmp-server community netmanage
line con 0
line vty 0 4
!
End
```
在此给出第一层楼接入交换机[RG-S2352G]交换机关键配置清单如下：
```
!(此处省略)
vlan 10
name Sec_vlan
!(相似配置，此处省略)
```

```
Radius-server host 172.16.10.10
aaa authentication dot1x
aaa accounting server 172.16.10.10
aaa accounting
!
ip access-list extended  sec_to_center
10 deny tcp 172.16.0.0 172.16.11.0 any
20 permit ip any any
!
spanning-tree
spanning-tree mode rstp
hostname RJ-2352-A
interface FastEthernet 0/1
dot1x port-control auto
ip access-group sec_to_center out
switchport access vlan 10
!(相似配置，此处省略)
interface GigabitEthernet 0/50
medium-type fiber
Switchport mode trunk
!
interface VLAN 1000
no ip proxy-arp
ip address 172.16.20.10 255.255.255.0
!(此处省略…)
ip domain-lookup
ip name-server 202.192.68.100
!
End
```

3.2.7 互联网接入

防火墙是大厦网络接入互联网的安全屏障，防火墙是在局域网互联网接入口处检查网络通讯，并根据用户设定的安全规则，在保护内部网络安全的前提下，保障内外网络通讯。在大厦网出口处使用防火墙，不仅实现内部网络与外部网络有效的隔离，而且所有来自外部网络的访问请求都要通过防火墙的检查，从而极大提高了大厦内部网络的安全性。

由于大厦互联网接入是通过 RG-WALL 1600T 防火墙实现内部网络与外网连接，考虑到它不仅是安全访问控制还是作为边界接入设备，因此采用静态路由可靠性更好。防火墙配置流程如下：

(1) 配置内网接口地址；

(2) 配置外网接口地址；

(3) 配置 PAT 地址转化；

(4) 配置外部网络路由选择；

(5) 配置 VPN 通信；

(6) 配置 DMZ 区；

(7) 配置用户管理及管理配置。

把配置线缆连至计算机 COM1 口，进入超级终端，连接到 RG-WALL 1600T 防火墙上，由于 RG-WALL 1600T 支持 Web 页面配置，这里介绍通过网线连至防火墙上的配置过程。

1. 下载浏览器证书

(1) 打开防火墙附带光盘，进入文件夹\Admin Cert，如图 3-3 所示。

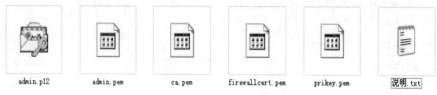

图 3-3　光盘文件包含图

(2) 选择浏览器证书，或者复制在本机，如图 3-4 所示。

admin.p12

图 3-4　证书图标

(3) 打开证书导入向导，如图 3-5 所示。

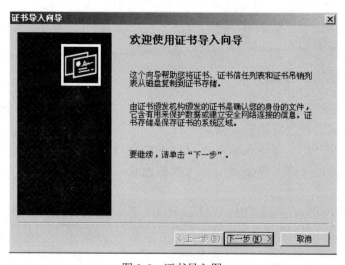

图 3-5　证书导入图

(4) 选择证书导入路径，如图 3-6 所示。

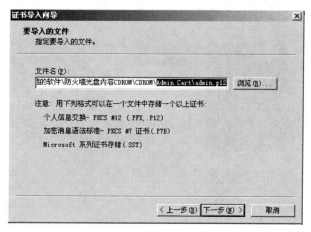

图 3-6　证书导入路径选择图

(5) 键入私钥密码，如图 3-7 所示。

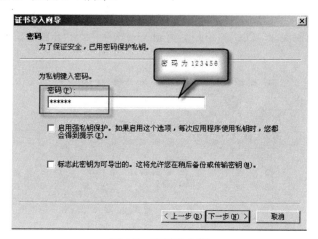

图 3-7　密码输入图

(6) 证书存储，如图 3-8、图 3-9 所示。

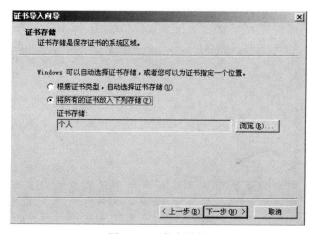

图 3-8　证书存储图

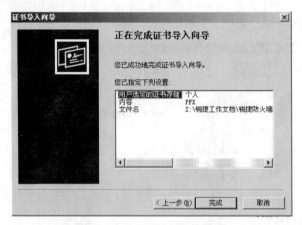

图 3-9　完成证书导入确认图

2．Web 方式初始化配置

防火墙出厂时，第一个物理接口ge1或者fe1的IP地址为192.168.10.100，默认的管理主机为192.168.10.200，如果要管理防火墙，需要把管理PC设置为192.168.10.200子网掩码设置为255.255.255.0，并且用网线接入到防火墙的ge1或者fe1接口。在浏览器里面输入"https://192.168.10.100:6666/"，默认的用户名为admin，默认密码为firewall，防火墙配置如图3-10～图3-16所示。

图 3-10　防火墙登录界面

(1) 配置内外网接口地址。

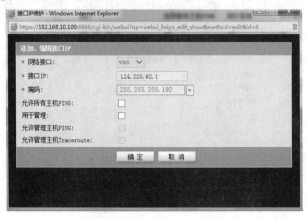

图 3-11　防火墙接口配置界面

(2) 配置 PAT 地址转化。

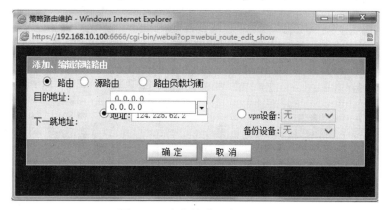

图 3-12　防火墙 PAT 配置界面

(3) 配置外部网络路由选择。

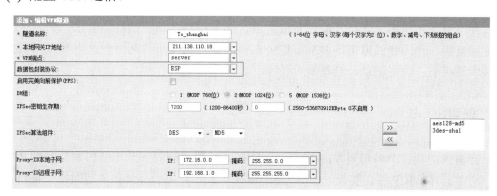

图 3-13　防火墙默认路由配置

(4) 配置 VPN 通信。

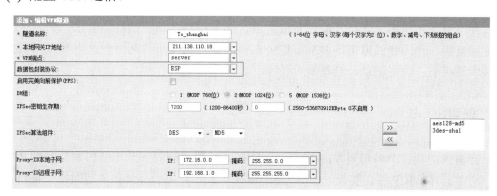

图 3-14　防火墙 VPN 配置

(5) 配置 DMZ 区。

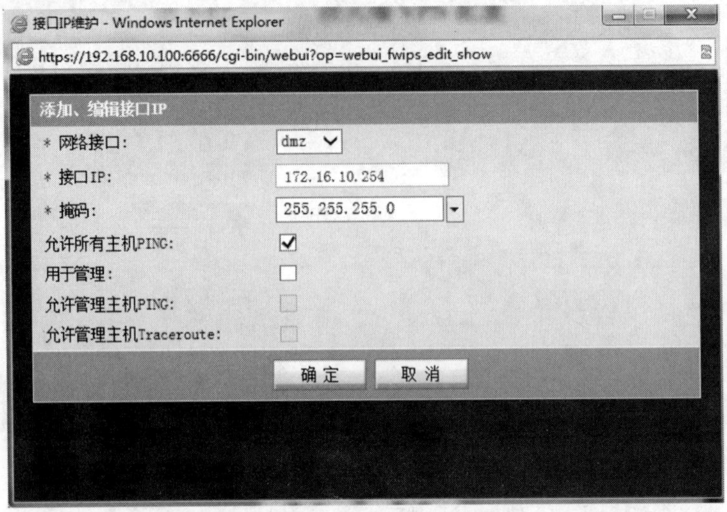

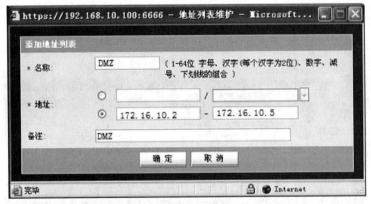

图 3-15 防火墙 DMZ 区配置

图 3-16 防火墙 DMZ 区配置

以上为防火墙 RG-WALL 1600T 关键参数配置过程。

3.2.8 项目验收

当网络设备按照需求连接及配置完成之后，必须进行各项网络性能测试。当整个网络项目实施结束后，作为建设方仍需要准备相关文档，如合同文本、网络设计方案、测试报告、设备技术说明书、施工记录、验收说明书等。

3.3 新知识点

结合需求，项目中将用到 VLAN 划分、DHCP 配置、端口安全、端口聚合、STP 生成树协议、NAT 技术、RIP 路由协议、OSPF 路由协议等技术。由于部分技术前面已经提过，就不重复讲述，这里只重点介绍新知识点。

3.3.1 端口安全

端口安全就是通过限制允许访问交换机上某个端口的 MAC 地址来实现严格控制对该端口的输入。当为安全端口(打开了端口安全功能的端口)配置了一些安全地址后，则除了源地址为这些安全地址的包外，这个端口将不转发其他任何报文。此外，还可以限制一个端口上能包含的安全地址最大个数，如果将最大个数设置为 1，并且为该端口配置一个安全地址，则连接到这个口的工作站(其地址为配置的安全 MAC 地址)将独享该端口的全部带宽。

例1： 显示如何在接口 gigabitethernet0/3 上配置端口安全功能，设置最大地址个数为8，设置违例方式为protect。

```
Switch# configure terminal
Enter configuration commands, one per line. End with CNTL/Z.
Switch(config)# interface gigabitethernet 0/3
Switch(config-if)# switchport mode access
Switch(config-if)# switchport port-security
Switch(config-if)# switchport port-security maximum 8
Switch(config-if)# switchport port-security violation protect
Switch(config-if)# end
```

例2： 显示如何在接口 gigabitethernet 0/3 上配置一个安全地址：00d0.f800.073c，并为其绑定一个 IPv4 地址：192.168.12.202。

```
Switch# configure terminal
Enter configuration commands, one per line. End with CNTL/Z.
Switch(config)# interface gigabitethernet 0/3
Switch(config-if)# switchport mode access
Switch(config-if)# switchport port-security
Switch(config-if)# switchport port-security mac-address 00d0.f800.073c
ip-address 192.168.12.202
Switch(config-if)# end
```

配置端口安全的限制：

(1) 一个安全端口不能是一个 Aggregate-port。

(2) 一个安全端口不能是 SPAN 的目的端口。

(3) 一个安全端口只能是一个 Access-port。

3.3.2 端口聚合

端口聚合(Aggregate-port)，简单地说就是将两个设备间多条物理链路捆绑在一起组成一条设备间逻辑链路(图 3-17)，从而达到增加带宽，提供冗余的目的。端口聚合常用于主干链路，链路的两端可以都是交换机，也可以是交换机和路由器，还可以是服务器和交换机或路由器。端口聚合功能，允许交换机与交换机、交换机与路由器、服务器与交换机或路由器之间通过两个或多个端口并行连接同时传输，以提供更高的带宽和更大的吞吐量，大幅提高整个网络的性能。构成 Aggregate-port 的端口必须配置成相同的特性，如双工模式、速度、同为 FE 或 GE 端口、native VLAN、VLAN range、Trunking status and type 等。

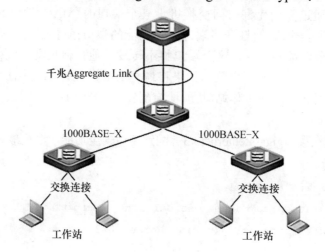

图 3-17　端口聚合连接图

1. 端口的分类

端口聚合可以分为二层的端口聚合和三层的端口聚合。二层 L2Aggregate-port 接口不能配置 IP 地址，不能宣告进路由协议，只能对二层以太网帧进行转发。而三层 L3 Aggregate-port 不具备二层交换的功能。可通过 no switchport 将一个无成员二层接口 L2 Aggregate-port 转变为 L3 Aggregate-port，三层 L3 Aggregate-port 接口可以配置 IP 地址，可运行路由协议，能接收 IP 包并且转发。

2. 配置端口聚合

配置 Aggregate-port 可遵循以下几条原则：

(1) 在每个 Aggregate-port 中，锐捷交换机最多支持八个物理端口组成一个聚合端口组。这些端口既不必是连续的，也不必位于相同模块中。

(2) 一个 Aggregate-port 内的所有端口都必须使用相同协议。

(3) 一个 Aggregate-port 内的所有端口都必须具有相同的速度和双工模式。

(4) 一个端口不能在相同时间内属于多个通道组。

(5) 一个 Aggregate-port 内的所有端口都必须配置到相同的接入 VLAN 中，或者配置到具有相同 VLAN 许可列表和相同 native VLAN 的 VLAN 干道中。

(6) 为了避免意想不到的结果，一个 Aggregate-port 内的所有端口都需要配置相同的干道模式，例如，采用 dot1q desirable 的干道模式。

(7) 一个 Aggregate-port 内的所有端口都具有相同的 VLAN 开销设置。

(8) 如果 Aggregate-port 的端口通道接口是第 3 层接口(而不是物理接口)，那么就应当为接口配置 IP 地址。

(9) 即使接口配置了不同的 STP 端口路径开销，所配置的兼容端口也能形成一个 Aggregate-port。

配置二层的 Aggregate-port 的步骤及命令见表 3-9。

表 3-9　配置二层 L2 Aggregate-port 的步骤及命令

序号	命令	作　用
1	configure terminal	进入全局配置模式
2	interface interface-id	进入接口配置模式
3	no switchport 或 switchport	将一个物理端口加入一个 AP 时，端口和 AP 必须处于同一个层次(同是二层接口或同是三层接口)。如果端口和 AP 处于不同的层次，你必须使用命令 no switchport 或 switchport 来将端口配置为和 AP 相同的层次
4	port-group port-group-number	将该接口加入一个 AP(如果这个 AP 不存在，则同时创建这个 AP)

在接口配置模式下使用 no port-group 命令删除一个AP成员接口。

下面的例子是将二层的以太网接口 0/1 和 0/2 配置成 2 层 AP 1 成员：

```
Switch#configure terminal
Switch(config)#interface range gigabitethernet 0/1-2
Switch(config-if-range)#port-group 1
Switch(config-if-range)#end
```

可以在全局配置模式下使用命令#interface aggregateport n (n 为 AP 号)来直接创建一个 AP(如果 AP n 不存在)。

配置三层的 L3 Aggregate-port 的步骤及命令见表 3-10。

表 3-10　配置三层的 L3 Aggregate-port 的步骤及命令

创建 Aggregate-port 逻辑接口		
序号	命令	作用
1	configure terminal	进入全局配置模式
2	interface aggregateport port-number	选择接口，进入接口配置模式
3	no switchport	将接口配置为三层接口
4	ip address ip-address mask	为该接口指定 IP 地址和子网掩码
配置物理接口		
序号	命令	作用
1	configure terminal	进入全局配置模式
2	interface interface-id	选择欲配置的物理端口
3	no switchport	将接口配置为三层接口
4	no ip address	确保该物理接口没有指定 IP 地址

下面的例子显示如何创建 L3 Aggregate-port，并且给该接口分配 IP 地址：

```
Switch#configure terminal
Enter configuration commands, one per line. End with CNTL/Z.
Switch(config)#interface aggregateport 0/2
Switch(config-if)#no switchport
Switch(config-if)#ip address 192.168.1.1 255.255.255.0
```

```
Switch(config-if)#no shutdown
Switch(config-if)#end
Switch#
```

3.3.3 STP 生成树协议

生成树协议是一种二层管理协议，它通过有选择性地阻塞网络冗余链路来达到消除网络二层环路的目的，同时具备链路的备份功能，如图 3-18 所示。

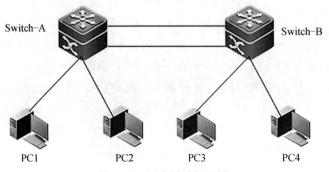

图 3-18 冗余链路组网图

生成树协议和其他协议一样，是随着网络的不断发展而不断更新换代的。"生成树协议"是一个广义的概念，并不是特指 IEEE 802.1D 中定义的 STP 协议，而是包括 STP 以及各种在STP 基础上经过改进了的生成树协议。

生成树协议配置如下：

```
Switch(config)#Spanning-tree
```

关闭生成树协议

```
Switch(config)#no Spanning-tree
```

配置生成树协议的类型

```
Switch(config)#Spanning-tree mode stp/rstp/mstp
```

加速生成树协议的收敛配置有以下两种方法。

方法一，端口快速(postfast)：

(1) 端口立即从阻塞状态进入转发状态，不经过监听和学习状态；

(2) 应该只将这一特性配置在连接终端主机的端口上，即不应配置在交换机间的端口上。

接口配置模式：

```
Switch(config-if)#spanning-tree portfast
```

全局模式：对所有非骨干链路端口生效

```
Switch(config)#spanning-tree portfast default
```

方法二，启用快速生成树协议(RSTP)：

```
Switch(config)#spanning-tree mode rapid-pvst
```

需要说明的是：STP收敛在整个网络拓扑稳定为一个树型结构就大约需要50秒，而RSTP收敛只需要2～3秒。

多进程生成树协议(MSTP)配置：

定义：映射多个 VLAN 生成树计算进程到一个 MST 的进程；减少 PVST 的计算负担；

实现与 CST 域的互操作。

配置命令如下。

进入 MST 配置模式：

```
Switch(config)#spanning-tree mst configuration
```

定义 MST 域名：

```
Switch(config-mst)#name <name>
```

定义 MST 的配置版本号：

```
Switch(config-mst)#revision <num>
```

映射多个 VLAN 到一个 MST 进程：

```
Switch(config-mst)#instance <inst-num> vlan <vlan-range>
```

定义根网桥：

```
Switch(config-mst)#spanning-tree mst <inst-num> root [primary|secondary]
```

如图 3-19 所示的例子显示如何配置多生成树协议 MSTP。

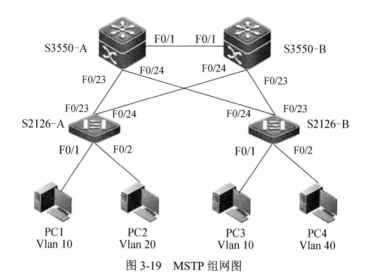

图 3-19　MSTP 组网图

(1) 配置接入层交换机 S2126-A。

```
S2126-A (config)#spanning-tree        !开启生成树
S2126-A (config)#spanning-tree mode mstp   !配置生成树模式为 MSTP

S2126-A(config)#vlan 10    !创建 VLAN 10
S2126-A(config)#vlan 20    !创建 VLAN 20
S2126-A(config)#vlan 40    !创建 VLAN 40

S2126-A(config)#interface fastethernet 0/1
S2126-A(config-if)#switchport access vlan 10   !分配端口 F0/1 给 VLAN 10
S2126-A(config)#interface fastethernet 0/2
S2126-A(config-if)#switchport access vlan 20   !分配端口 F0/2 给 VLAN 20
S2126-A(config)#interface fastethernet 0/23
```

```
S2126-A(config-if)#switchport mode trunk    !定义F0/23为trunk端口
S2126-A(config)#interface fastethernet 0/24
S2126-A(config-if)#switchport mode trunk    !定义F0/24为trunk端口


S2126-A(config)#spanning-tree mst configuration   !进入MSTP配置模式
S2126-A(config-mst)#instance 1 vlan 1，10    !配置instance 1(实例1)并关联Vlan
```
1和10
```
S2126-A(config-mst)#instance 2 vlan 20，40   !配置实例2并关联VLAN 20和40
S2126-A(config-mst)#name region1   !配置域名称
S2126-A(config-mst)#revision 1    !配置版本(修订号)
```
(2) 配置接入层交换机 S2126-B 与 S2126-A 类似。

(3) 配置分布层交换机 S3550-A。
```
S3550-A(config)#spanning-tree   !开启生成树
S3550-A (config)#spanning-tree mode mstp   !采用MSTP生成树模式


S3550-A(config)#vlan 10
S3550-A(config)#vlan 20
S3550-A(config)#vlan 40


S3550-A(config)#interface fastethernet 0/1
S3550-A(config-if)#switchport mode trunk   !定义F0/1为trunk端口
S3550-A(config)#interface fastethernet 0/23
S3550-A(config-if)#switchport mode trunk   !定义F0/23为trunk端口
S3550-A(config)#interface fastethernet 0/24
S3550-A(config-if)#switchport mode trunk   !定义F0/24为trunk端口


S3550-A (config)#spanning-tree mst 1 priority 4096   !配置交换机
```
S3550-A 在 instance 1中的优先级为4096，默认是32768，值越小越优先成为该 instance 中的 root switch
```
S3550-A (config)#spanning-tree mst configuration   !进入MSTP配置模式
S3550-A (config-mst)#instance 1 vlan 1，10   !配置实例1并关联VLAN 1和10
S3550-A (config-mst)#instance 2 vlan 20，40   !配置实例2并关联VLAN 20和40
S3550-A (config-mst)#name region1   !配置域名为region1
S3550-A (config-mst)#revision 1   !配置版本(修订号)
```
(4) 配置分布层交换机 S3550-B 与 S3550-A 类似。
```
S3550-B (config)#spanning-tree mst 2 priority 4096   !配置交换机
```
S3550-B 在 instance 2中的优先级为4096，默认是32768，值越小越优先成为该 instance 中的 root switch。

3.3.4 NAT 技术

NAT(Network Address Translation，网络地址转换)是将IP数据报报头中的IP地址转换为另一个IP地址的过程。在实际应用中，NAT主要用于实现私有网络访问公共网络的功能。这种通过使用少量的公有IP地址代表较多的私有IP地址的方式，将有助于减缓可用IP地址空间的枯竭。

说明：私有 IP 地址是指内部网络或主机的 IP 地址，公有 IP 地址是指在因特网上全球唯一的 IP 地址。RFC 1918 为私有网络预留出了以下三个 IP 地址块。

(1) A 类：10.0.0.0～10.255.255.255。

(2) B 类：172.16.0.0～172.31.255.255。

(3) C 类：192.168.0.0～192.168.255.255。

上述三个范围内的地址不会在 Internet 上被分配，因此可以不必向 ISP 或注册中心申请而在公司或企业内部自由使用。

1. NAT 技术的作用

借助于 NAT，私有(保留)地址的"内部"网络通过路由器发送数据包时，私有地址被转换成合法的 IP 地址，一个局域网只需使用少量 IP 地址(甚至是 1 个)即可实现私有地址网络内所有计算机与 Internet 的通信需求。NAT 将自动修改 IP 报文的源 IP 地址和目的 IP 地址，IP 地址校验则在 NAT 处理过程中自动完成。有些应用程序将源 IP 地址嵌入到 IP 报文的数据部分中，所以还需要同时对报文进行修改，以匹配 IP 头中已经修改过的源 IP 地址。否则，报文数据都分别嵌入 IP 地址的应用程序就不能正常工作。

2. NAT 技术实现方式

NAT 的实现方式有三种，即静态转换(Static Nat)、动态转换(Dynamic Nat)和端口多路复用(OverLoad)。

(1) 静态转换是指将内部网络的私有 IP 地址转换为公有 IP 地址，IP 地址对是一对一的，是一成不变的，某个私有 IP 地址只转换为某个公有 IP 地址。借助于静态转换，可以实现外部网络对内部网络中某些特定设备(如服务器)的访问。

(2) 动态转换是指将内部网络的私有 IP 地址转换为公用 IP 地址时，IP 地址是不确定的，是随机的，所有被授权访问上 Internet 的私有 IP 地址可随机转换为任何指定的合法 IP 地址。也就是说，只要指定哪些内部地址可以进行转换，以及用哪些合法地址作为外部地址时，就可以进行动态转换。动态转换可以使用多个合法外部地址集。当 ISP 提供的合法 IP 地址略少于网络内部的计算机数量时。可以采用动态转换(PAT)的方式。

(3) 端口多路复用是指改变外出数据包的源端口并进行端口转换，即端口地址转换。采用端口多路复用方式。内部网络的所有主机均可共享一个合法外部 IP 地址实现对 Internet 的访问，从而可以最大限度地节约 IP 地址资源。同时，又可隐藏网络内部的所有主机，有效避免来自 Internet 的攻击。因此，目前网络中应用最多的就是端口多路复用方式。

3. 网络地址转换(NAT)的实现

在配置网络地址转换的过程之前，首先必须搞清楚内部接口和外部接口，以及在哪个外部接口上启用 NAT。通常情况下，连接到用户内部网络的接口是 NAT 内部接口，而连接到外部网络(如 Internet)的接口是 NAT 外部接口。

1) 静态地址转换的实现

假设内部局域网使用的 IP 地址段为 192.168.0.1～192.168.0.254，路由器局域网端(即默认网关)的 IP 地址为 192.168.0.1，子网掩码为 255.255.255.0。网络分配的合法 IP 地址范围为 61.159.62.128～61.159.62.135，路由器在广域网中的 IP 地址为 61.159.62.129，子网掩码为 255.255.255.248 可用于转换的 IP 地址范围为 61.159.62.130～61.159.62.134。要求将内部网址 192.168.0.2～192.168.0.6 分别转化为合法的 IP 地址 61.159.62.130～61.159.62.134。

(1) 设置外部端口：

```
interface serial 0  ip address 61.159.62.129 255.255.255.248  ip nat outside
```

(2) 设置内部端口：

```
interface ethernet 0  ip address 192.168.0.1 255.255.255.0  ip nat inside
```

(3) 在内部本地与外部合法地址之间建立静态地址转换：

```
ip nat inside source static 内部本地地址内部合法地址
```

示例：

```
ip nat inside source static 192.168.0.2 61.159.62.130 !将内部网络地址 192.168.0.2
```
转换为合法 IP 地址 61.159.62.130

```
ip nat inside source static 192.168.0.3 61.159.62.131 !将内部网络地址 192.168.0.3
```
转换为合法 IP 地址 61.159.62.131

```
ip nat inside source static 192.168.0.4 61.159.62.132 !将内部网络地址 192.168.0.4
```
转换为合法 IP 地址 61.159.62.132

```
ip nat inside source static 192.168.0.5 61.159.62.133 !将内部网络地址 192.168.0.5
```
转换为合法 IP 地址 61.159.62.133

```
ip nat inside source static 192.168.0.6 61.159.62.134 !将内部网络地址 192.168.0.6
```
转换为合法 IP 地址 61.159.62.134

至此，静态地址转换配置完毕。

2) 动态地址转换的实现

假设内部网络使用的 IP 地址段为 172.16.100.1～172.16.100.254，路由器局域网端口(即默认网关)的 IP 地址为 172.16.100.1，子网掩码为 255.255.255.0。网络分配的合法 IP 地址范围为 61.159.62.128～61.159.62.191，路由器在广域网中的 IP 地址为 61.159.62.129，子网掩码为 255.255.255.192，可用于转换的 IP 地址范围为 61.159.62.130～61.159.62.190。要求将内部网址 172.16.100.1～172.16.100.254 动态转换为合法 IP 地址 61.159.62.130～61.159.62.190。

(1) 设置外部端口。设置外部端口命令的语法如下：

```
ip nat outside
```

示例：

```
interface serial 0  !进入串行端口
serial 0  ip address 61.159.62.129 255.255.255.192 !将其 IP 地址指定为
```
61.159.62.129，子网掩码为 255.255.255.192

```
ip nat outside  !将串行口 serial 0 设置为外网端口。注意，可以定义多个外部端口
```

(2) 设置内部端口。设置内部接口命令的语法如下：

```
ip nat inside
```

示例：

```
interface ethernet 0  !进入以太网端口 Ethernet 0
ip address 172.16.100.1 255.255.255.0  ! 将其 IP 地址指定为 172.16.100.1，子网掩
```
码为 255.255.255.0

```
ip nat inside  !将 Ethernet 0 设置为内网端口
```
注意，可以定义多个内部端口。

(3) 定义合法 IP 地址池。

定义合法 IP 地址池命令的语法如下：

ip nat pool 地址池名称起始 IP 地址 终止 IP 地址子网掩码

其中，地址池名字可以任意设定。

示例：

```
ip nat pool chinanet 61.159.62.130 61.159.62.190 netmask
255.255.255.192  !指明地址缓冲池的名称为 chinanet，IP 地址范围为 61.159.62.130～
```
61.159.62.190，子网掩码为 255.255.255.192

需要注意的是，即使掩码为 255.255.255.0，也会由起始 IP 地址和终止 IP 地址对 IP 地址池进行限制。

```
ip nat pool test 61.159.62.130 61.159.62.190 prefix-length 26
```
注意，如果有多个合法 IP 地址范围，可以分别添加。例如，如果还有一段合法 IP 地址范围为 211.82.216.1～211.82.216.254，那么，可以再通过下述命令将其添加至缓冲池中。

```
ip nat pool cernet 211.82.216.1 211.82.216.254 netmask 255.255.255.0
```
或

```
ip nat pool test 211.82.216.1 211.82.216.254 prefix-length 24
```

(4) 定义内部网络中允许访问 Internet 的访问列表。

定义内部访问列表命令的语法如下：

```
access-list 标号 permit 源地址通配符(其中，标号为 1～99 之间的整数)
access-list 1 permit 172.16.100.0 0.0.0.255  !允许访问 Internet 的网段
```
为 172.16.100.0～172.16.100.255，反掩码为 0.0.0.255。

需要注意的是，在这里采用的是反掩码，而非子网掩码。反掩码与子网掩码的关系为：反掩码+子网掩码=255.255.255.255。例如，子网掩码为 255.255.0.0，则反掩码为 0.0.255.255；子网掩码为 255.0.0.0，则反掩码为 0.255.255.255;子网掩码为 255.252.0.0，则反掩码为 0.3.255.255;子网掩码为 255.255.255.192，则反掩码为 0.0.0.63。另外，如果想将多个 IP 地址段转换为合法 IP 地址，可以添加多个访问列表。

(5) 实现网络地址转换。

在全局设置模式下，将由 access-list 指定的内部本地地址与指定的内部合法地址池进行地址转换。命令语法如下：

```
ip nat inside source list 访问列表标号 pool 内部合法地址池名字
```
示例：

```
ip nat inside source list 1 pool chinanet
```
如果有多个内部访问列表，可以一一添加，以实现网络地址转换。如 ip nat inside source list 2 pool chinanet；ip nat inside source list 3 pool chinanet。如果有多个地址池，也可以一一添加，以增加合法地址池范围，如 ip nat inside source list 1 pool cernet；ip nat inside source list 2 pool

cernet；ip nat inside source list 3 pool cernet。

至此，动态地址转换设置完毕。

3) 端口复用动态地址转换

内部网络使用的 IP 地址段为 10.100.100.1～10.100.100.254，路由器局域网端口(即默认网关)的 IP 地址为 10.100.100.1，子网掩码为 255.255.255.0。网络分配的合法 IP 地址范围为 202.99.160.0～202.99.160.3，路由器广域网中的 IP 地址为 202.99.160.1，子网掩码为 255.255.255.252，可用于转换的 IP 地址为 202.99.160.2。要求将内部网址 10.100.100.1～10.100.100.254 转换为合法 IP 地址 202.99.160.2。

(1) 设置外部端口：

```
interface serial 0  ip address 202.99.160.1 255.255.255.252
ip nat outside
```

(2) 设置内部端口：

```
interface ethernet 0  ip address 10.100.100.1 255.255.255.0
ip nat inside
```

(3) 定义合法 IP 地址池：

```
ip nat pool onlyone 202.99.160.2 202.99.160.2 netmask 255.255.255.252  !指
```
明地址缓冲池的名称为 onlyone，IP 地址范围为 202.99.160.2，子网掩码为 255.255.255.252

由于本例只有一个 IP 地址可用，所以，起始 IP 地址与终止 IP 地址均为 202.99.160.2。如果有多个 IP 地址，则应当分别键入起止的 IP 地址。

(4) 定义内部访问列。

```
access-list 1 permit 10.100.100.0 0.0.0.255  !允许访问 Internet 的网段为
```
10.100.100.0～10.100.100.255，子网掩码为 255.255.255.0

需要注意的是，在这里子网掩码的顺序跟平常所写的顺序相反，即 0.255.255.255。

(5) 设置复用动态地址转换。

在全局设置模式下，设置在内部的本地地址与内部合法 IP 地址间建立复用动态地址转换。命令语法如下：

```
ip nat inside source list 访问列表号 pool 内部合法地址池名字 overload
```
示例：
```
ip nat inside source list1 pool onlyone overload  !以端口复用方式，将访问列表 1
```
中的私有 IP 地址转换为 onlyone IP 地址池中定义的合法 IP 地址

注意：overload 是复用动态地址转换的关键词。至此，端口复用动态地址转换完成。

3.3.5　RIP 路由协议

RIP 协议是 Internet 中常用的路由协议。RIP 采用距离向量算法，即路由器根据距离选择路由，所以也称为距离向量协议。路由器收集所有可到达目的地的不同路径，并且保存有关到达每个目的地的最少站点数的路径信息，除到达目的地的最佳路径外，任何其他信息均予以丢弃。同时路由器也把所收集的路由信息用 RIP 协议通知相邻的其他路由器。这样，正确的路由信息逐渐扩散到了全网。

RIP 使用非常广泛，它简单、可靠，便于配置。但是 RIP 只适用于小型的同构网络，因为它允许的最大站点数为 15，任何超过 15 个站点的目的地均被标记为不可达。而且 RIP 每隔

30s 一次的路由信息广播也是造成网络的广播风暴的重要原因之一。

RIP 协议是基于 Bellham-Ford(距离向量)算法，此算法1969年被用于计算机路由选择，正式协议首先是由 Xerox 于1970年开发的，当时是作为 Xerox 的 "Networking Services(NXS)" 协议族的一部分。由于 RIP 实现简单，迅速成为使用范围最广泛的路由协议。

RIP 用 "路程段数"(即 "跳数")作为网络距离的尺度。每个路由器在给相邻路由器发出路由信息时，都会给每个路径加上内部距离。如图3-20所示，路由器 R3 直接和网络相连。当它向路由器 R2 通告网络142.10.0.0的路径时，它把跳数增加1。与之相似，路由器 R2 把跳数增加到 "2"，且通告路径给路由器1，则路由器 R2 和路由器 R1 与路由器 R3 所在网络142.10.0.0 的距离分别是1跳、2跳。

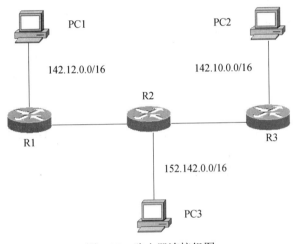

图 3-20 路由器连接组图

RIP 路由协议用 "更新(UNPDATES)" 和 "请求(REQUESTS)" 这两种分组来传输信息的。每个具有 RIP 协议功能的路由器每隔30s 用 UDP520端口给与之直接相连的机器广播更新信息。更新信息反映了该路由器所有的路由选择信息数据库。路由选择信息数据库的每个条目由 "局域网上能达到的 IP 地址" 和 "与该网络的距离" 两部分组成。请求信息用于寻找网络上能发出 RIP 报文的其他设备。

然而在实际的网络路由选择上并不总是由跳数决定的，还要结合实际的路径连接性能综合考虑。

3.3.6 OSPF 路由协议

20世纪80年代中期，RIP 已不能适应大规模异构网络的互连，OSPF 随之产生。它是网间工程任务组织(IETF)的内部网关协议工作组为 IP 网络而开发的一种路由协议。

OSPF 全称为开放最短路径优先。"开放" 表明它是一个公开的协议，由标准协议组织制定，各厂商都可以得到动态路由协议的细节。"最短路径优先" 是该动态路由协议在进行路由计算时执行的算法。OSPF 是目前内部网关协议中使用最为广泛、性能最优的一个动态路由。

在采用 OSPF 动态路由协议的网络中，如果通过 OSPF 计算出到同一目的地有两条以上代价(Metric)相等的路由，该协议可以将这些等值路由同时添加到路由表中。这样，在进行转发时可以实现负载分担或负载均衡。在支持区域划分和路由分级管理上，OSPF 动态路由协议能够适合在大规模的网络中使用,在协议本身的安全性上,OSPF 使用验证,在邻接路由器间进行路由信息通告时可以指定密码,从而确定邻接路由器的合法性,与广播方式相比,用组播地址来发送协议报文可以节省网络带宽资源。由此可以看出,OSPF 协议确实是一个比较先进的动态路由协议。

1. OSPF 动态路由协议的工作原理

OSPF 采用链路状态协议算法(即 SPF 算法),每个路由器维护一个相同的链路状态数据库,保存整个 AS 的拓扑结构(在 AS 不划分的情况下)。一旦每个路由器有了完整的链路状态数据库,该路由器就可以自己为根,构造最短路径树,然后再根据最短路径构造路由表。对于大型的网络,为了进一步减少路由协议通信流量,利于管理和计算,OSPF 将整个 AS 划分为若干个区域,区域内的路由器维护一个相同的链路状态数据库,保存该区域的拓扑结构。OSPF 路由器相互间交换信息,但交换的信息不是路由,而是链路状态。

2. 计算路由

路由器完成周边网络的拓扑结构的描述(生成 LSA)后,发送给网络中的其他路由器,每台路由器再生成链路状态数据库(LSDB)。路由器开始执行 SPF(最短路径优先)算法计算路由,路由器以自己为根节点,把 LSDB 中的条目与 LSA 进行对比,经过若干次的递归和回溯,直至路由器把所有 LSA 中包含的网段都找到路径(把该路由填入路由表中),此时意味着所到达的该段链路的类型标识为3(Stubnet)。

动态路由协议 OSPF 路由的基本配置如图3-21所示。

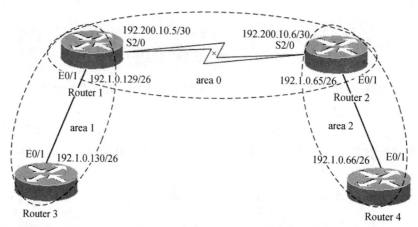

图 3-21　OSPF 路由协议配置

Router1 配置清单:

```
interface ethernet 0/1
ip address 192.1.0.129 255.255.255.192
!
interface serial 2/0
ip address 192.200.10.5 255.255.255.252
!
router ospf 100    !100 是 OSPF 协议的进程号,范围是 1~65535。
```

在同一个使用 OSPF 路由器协议的网络中的不同的路由器可以使用不同的进程号。一台路由器可以启用多个 OSPF 进程。

```
network 192.200.10.4 0.0.0.3 area 0   !network 发布加入 OSPF 协议中的接口的网段地址，
Area 0 将该端口发布在区域 0 中
network 192.1.0.128 0.0.0.63 area 1
!
```

Router2 配置清单：
```
interface ethernet 0/1
ip address 192.1.0.65 255.255.255.192
!
interface serial 2/0
ip address 192.200.10.6 255.255.255.252
!
router ospf 200
network 192.200.10.4 0.0.0.3 area 0
network 192.1.0.64 0.0.0.63 area 2
!
```

Router3 配置清单：
```
interface ethernet 0/1
ip address 192.1.0.130 255.255.255.192
!
router ospf 300
network 192.1.0.128 0.0.0.63 area 1
!
```

Router4 配置清单：
```
interface ethernet 0/1
ip address 192.1.0.66 255.255.255.192
!
router ospf 400
network 192.1.0.64 0.0.0.63 area 1
!
```

相关调试命令可用 show ip ospf、show ip ospf interface、show ip ospf neighbor 或 show ip route 这几条命令实现。

3.4 基于 IIS6.0 的 Web 服务构建

在随着互联网快速发展，智能大厦网络服务将能够快速提升企业业务适应性，提高工作效率并降低生产成本。在本项目中根据客户需求，需要实现 Web 服务及 DHCP 服务。其中 DHCP 服务由 RG-S3760E-24P 实现，这里重点介绍如何通过 IIS6.0 实现对外发布 Web 服务。

WWW(World Wide Web)服务是 Internet 中最为重要的应用，它可以实现信息发布、资料查询、数据处理、多媒体点播等服务，以超链接的方式将各种信息通过 Internet 网络发布到全球。WWW 服务具有如下特点：

(1) Web 是图形化的和易于导航的；

(2) Web 是与操作系统平台无关的；

(3) Web 是分布式的；

(4) Web 是动态交互式的。

Web 是基于客户端/服务器模式的信息发布技术和超文本技术的综合。Web 服务使用超文本传输协议 HTTP，该协议基于 TCP/IP 协议，属于应用层协议，默认使用80端口进行通信。Web 服务通过 HTML 超文本标记语言把信息组织成超文本；Web 浏览器则为用户提供 HTTP 超文本传输协议的用户界面。用户使用 Web 浏览器通过 Internet 访问远端 Web 服务器上的 HTML 超文本。

下面介绍在 Windows 2003 中如何利用 IIS6.0 发布 Asp 或 Asp.net 动态网站。

在 Windows 2003 或 Windows 2008 系统安装盘中都默认带有 IIS。在系统的安装过程中 IIS 是默认不安装的，在系统安装完毕后可以通过添加删除程序加装 IIS。

IIS 是微软推出的架设 WEB、FTP、SMTP 服务器的一套整合系统组建，捆绑在上列 NT 核心的服务器系统中。下面的例子介绍通过 Windows2003 IIS 组件配合 DNS 域名解析向互联网提供 Web 服务。

第一步：安装组件

在控制面板的添加/删除程序——Windows 组件向导——应用程序服务器——选中"Asp.NET"，然后他就会自动把"Internet 信息服务(IIS)"的相关服务也装上，如图3-22所示。

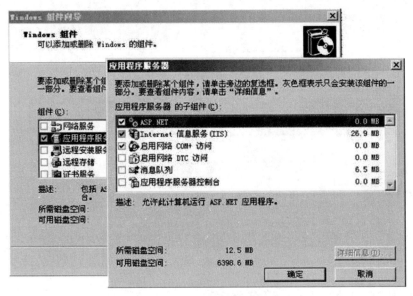

图 3-22　IIS 安装过程

在选定需要安装的服务后安装向导会提示需要插入 Windows 2003安装光盘，这时插入安装盘按照提示进行安装，IIS 中的 Web 很快便自动安装完成。

第二步：建立 Web 站点

(1) 打开 Internet 信息服务(IIS)管理器，可以在开始——运行——输入"Inetmgr"打开，也可以通过控制面板——管理工具进行打开，如图3-23所示。

图 3-23　IIS 安装过程

(2) 开始添加站点，在<网站>上点击鼠标右键<新建>——<网站>，如图3-24所示。

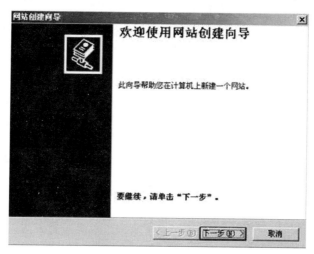

图 3-24　Web 站点创建

(3) 点击<下一步>以后，输入站点描述，只是在 IIS 里面的一个识别而已，在这里输入网站访问的域名 e.hnboao.net，防止以后随着站点的增加而造成管理困难。确认后点击<下一步 >，如图3-25所示。

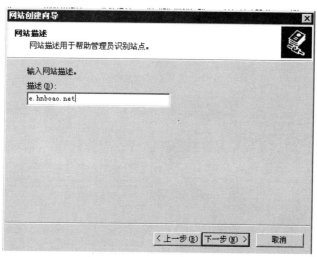

图 3-25　Web 站点创建过程

(4) 网站 IP 地址：根据需要填写 IP 地址，如果网站是内部访问 IP 可以不填，倘若网站是对外发布，则需要配置公网地址转化前的 IP。

端口：一般使用默认值80，如果换成了其他端口，别人访问网站时就需要在域名后加上端口，如把端口换成8080则在浏览器里需要输入 http://e.hnboao.net:8080进行访问(同时，前面的 HTTP 不能缺省)。

主机头：在这里填入访问网站的域名，如果有多个域名，可以随后在站点属性里进行修改。

确定输入资料正确以后点击<下一步>，如图3-26所示。

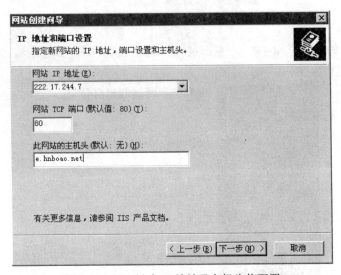

图 3-26　Web 站点 IP 地址及主机头值配置

(5) 选择网站文件存放的路径，然后点击<下一步>，如图3-27所示。

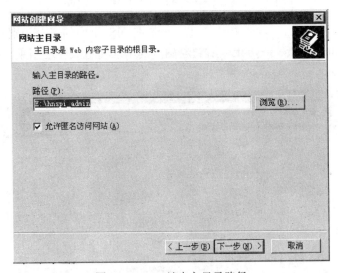

图 3-27　Web 站点主目录路径

需要注意一下，一般为了保障服务器的安全，需要单独给网站创建一个权限较低的独立用户，并给所创建的用户分配 Web 内容文件夹相关权限，访问网站时就用该用户匿名访问，如图3-28、图3-29所示。

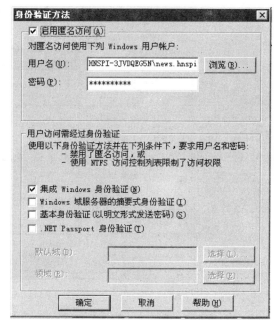

图 3-28　Web 站点匿名用户权限分配　　　　图 3-29　Web 站点指定匿名用户访问

(6) 在这里把 <运行脚本(如 ASP)> 也选中，然后点击<下一步>，如图3-30所示。

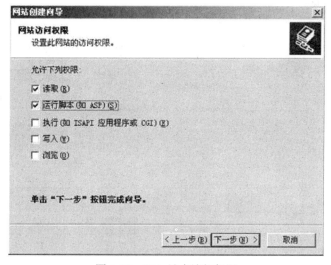

图 3-30　Web 站点访问权限

这样就基本完成整个站点的建立了，下面进行相关配置。

第三步：配置 Web 站点

IIS6有一个 Web 服务扩展控制，如果没有设置正确，ASP、ASP.net 等其他脚本网页也是无法正常显示的。双击 Web 服务扩展，然后在相应的选项中(即 ASP 或 ASP.net 等)点击鼠标右键，选择<允许>，如图3-31所示。

第四步：测试站点

打开 IE 浏览器，在地址栏中输入 http://e.hnboao.net 进行测试。在这里需要说明一下，如果忘记设置自己的默认首页文档，可能造成无法访问，如图3-32所示。

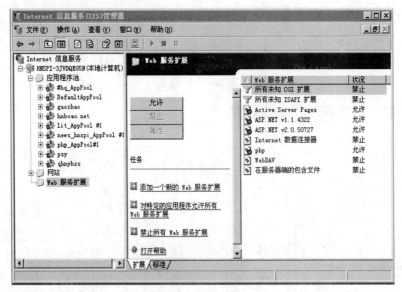

图 3-31　Web 站点服务扩展

图 3-32　Web 站点访问测试

3.5　网络故障处理

一般情况下，故障处理需经历信息收集、故障判断、故障定位和故障排除四个阶段。不要求所有故障处理都严格按照该流程执行，维护人员可根据实际情况灵活采取各种合理措施。

3.5.1　信息收集

任何一个故障的处理过程都是从维护人员获得故障信息开始的，这种故障信息来源一般有三种途径：用户或客户中心的故障通告；设备告警系统的告警输出；日常维护或巡查中所发现的异常。

在故障处理初期阶段，就要注重收集各种相关原始信息，可以帮助维护人员缩小故障判断的范围，加快定位问题的速度，并提高故障定位的准确性。

3.5.2 故障判断

在获取故障信息以后，需要对故障现象有一个大致的定义，确定故障的范围与种类。

1．确定故障的范围

确定故障处理的方向，即在什么地方、用什么方式去查找故障的具体原因。

2．确定故障的种类

关于故障的分类，将根据设备不同的功能模块，按照通常的思维逻辑采取不同的分类方法进行。

3.5.3 故障排除

排除故障是指采取适当的措施或步骤清除故障、恢复系统的过程，如检修线路、修改配置、更换设备模块等等。

1．常见故障一

故障现象：大厦网络突然出现通信中断，销售部与采购部这两个 VLAN 不能访问互联网，且与其他 VLAN 的访问也会出现中断，在中心机房中进行 ping 包测试，发现中心交换机到该 VLAN 内主机的 ping 包响应时间较长，且出现间歇性丢包，VLAN 与 VLAN 间的丢包情况则更加严重。

故障分析：以超级终端方式登录核心交换机，发现交换机的负载较大，立即清除交换机 ARP 表并重启，但故障仍然存在，于是决定对网络进行抓包分析。经过分析发现有一个 MAC 地址下面有多个 IP 地址。而在正常情况下，一个 MAC 地址下面出现多个 IP 地址，只可能是因为网关、代理服务器、手动绑定多个 IP 地址。咨询大厦网络管理员得知，该网段内的机器均只绑定了一个 MAC 地址，且没有代理服务器，同时该 MAC 也不是网关 MAC 地址，由此，可断定该主机存在欺骗攻击。

故障解决：找到有问题的 MAC 地址主机，然后对该主机安装防病毒软件并对该主机进行查杀，查出病毒若干，病毒查杀后，再次将该主机接入网络，网络通信正常。由此得出引发网络故障的原因是该主机感染蠕虫病毒，该病毒自动进行 ARP 欺骗攻击，导致网络访问的时断时续。

2．常见故障二

故障现象：有员工反映使用的是 XP 系统，接入网络后无法经过认证。

故障分析：如果是 XP 系统，则需把系统自带的验证去掉。

故障解决：

(1) 右击"网上邻居"，选择"属性"，右击"本地连接"，选择"属性"，如图 3-33 所示。

(2) 选择"身份验证"，在身份验证栏里，取消选择"启用使用 IEEE802.1x 的网络访问控制"。设置如图 3-34 所示。

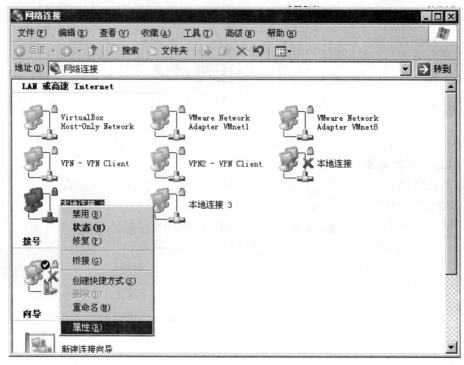

图 3-33　本地连接属性

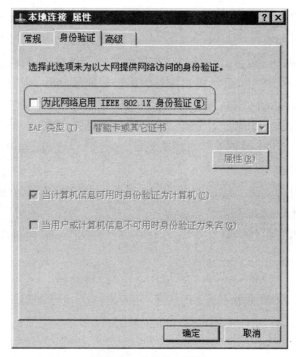

图 3-34　身份认证属性

3．常见故障三

故障现象：能经过认证，但就是打不开网页。

故障分析：确认自己的 IP、子网掩码、网关、DNS 是否配置正确，有可能因为网段配错而无法上网。

故障解决：(1) 确认已正确地设置相应的 IP 地址、网关和 DNS。以 WIN XP 为例，下面是设置 IP 地址的步骤：右击"网上邻居"，选择"属性"，右击"本地连接"，选择"属性"，打开如图 3-35 所示的对话框。

图 3-35　TCP/IP 协议属性

(2) 选择 Internet 协议(TCP/IP)，单击"属性"，在打开的对话框中设置相应的参数，如图 3-36 所示。

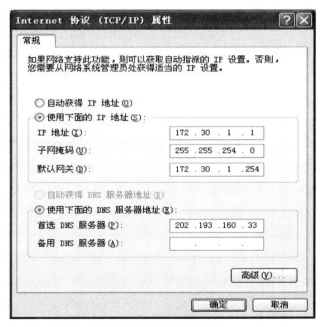

图 3-36　IP 地址分配

如果执行以上操作后仍无法打开网页，则需要联系网络管理员。

3.6　任务总结与评价

本次任务重点对商务办公大厦上网的规划、设备选型、网络实施搭建等方面进行了详细的介绍，根据企业网络工作需求进行内部和外部网络的设计、构建出稳定、能满足企业高效办公的网络环境。

各小组根据用户需求进行设计与实施大厦网络组建，并对自己小组完成的大厦网进行展示、介绍；尤其重点介绍小组所设计及实现的大厦网络较其他小组的优势，最后小组对完成的任务总结、评价。

通过观察小组开展协作活动的情况，包括实训小组的组织管理、工作过程及各环节的衔接，了解小组成员的体会，对小组中的个体进行评价。对学生的评价根据其在工作过程中实践技能的掌握和工作过程的素质形成两类指标进行。

评价可以按下列表格的形式进行：表 3-11 为自我评价表，表 3-12 为小组互评表，表 3-13 为教师评价表。

表 3-11　自我评价表

姓名		学号		评价总分	
班级		所在小组			
实训项目		考核标准		评价分数	
				分值	得分
网络规划方案设计		考核 IP 规划、子网划分是否合理，网络设备选型是否准确，格式是否规范，能独立完成网络拓扑图的绘制，是否能够按时完成并说明方案设计		15	
内部局域网组建		按工作任务完成情况进行评价考核。主要考核能否按用户要求实现交换机的 VLAN 划分、链路汇聚等配置		25	
广域网接入		按工作任务完成情况进行评价考核。主要考核能否按用户要求实现路由器的基本管理、动态路由、DHCP、NAT、ACL、RSTP 等		25	
设备连接、测试与诊断		根据实际任务需要，合理选择线缆连接设备；根据组建的网络测试其是否满足规划方案的要求；能否准确定位故障；能否自行优化与改进		15	
团队协作能力		考查在小组团队完成工作任务中的表现，是否积极参与小组的学习，能否与团队其他成员合作沟通、交流、互相帮助		20	
自我综合评价与展望					年　月　日

表 3-12　小组互评表

姓名		评价人		评价总分	
班级		所在小组			

小组评价内容	考核标准	评价分数	
		分值	得分
实训资料归档、实训报告	考查能否积极参与工作任务的计划阶段，主动参与学习与讨论，积极参与工作任务的实施，是否能独立按时完成实训报告	10	
团队合作	考查在小组团队完成工作任务中的表现，是否积极参与小组的学习、讨论、交流和沟通，是否能与小组其他成员协作共同完成团队工作任务	10	
网络规划方案的设计	考核 IP 规划、子网划分是否合理，网络设备选型是否准确，格式是否规范，能独立完成网络拓扑图的绘制，是否能够按时完成并说明方案设计	10	
内部局域网组建	按工作任务完成情况进行评价考核。主要考核能否按用户要求实现交换机的 VLAN 划分、链路汇聚等配置	20	
广域网接入	按工作任务完成情况进行评价考核。主要考核能否按用户要求实现路由器的基本管理、动态路由、DHCP、NAT、ACL、RSTP 等	20	
设备连接、测试与诊断	根据实际任务需要，合理选择线缆连接设备；根据组建的网络测试其是否满足规划方案的要求；能否准确定位故障；能否自行优化与改进	15	
小组成员互评满意度	评价各个成员在整体项目的参与、协作、提出有针对性的建议等方面，是否团队骨干，是否达到项目的任务目标	15	
综合评价与展望			
		年　月　日	

表 3-13　教师评价表

小组及成员				
考核教师		评价总分		

考核内容		考核标准	评价分数	
			分值	得分
技术实现	网络规划方案的设计	考核 IP 规划、子网划分是否合理，网络设备选型是否准确，格式是否规范，能独立完成网络拓扑图的绘制，是否能够按时完成并说明方案设计	15	
	内部局域网组建	按工作任务完成情况进行评价考核。主要考核能否按用户要求实现交换机的 VLAN 划分、链路汇聚等配置	20	

小组及成员					
考核教师			评价总分		
考核内容		考核标准		评价分数	
				分值	得分
技术实现	广域网接入	按工作任务完成情况进行评价考核。主要考核能否按用户要求实现路由器的基本管理、动态路由、DHCP、NAT、ACL、RSTP		20	
	设备连接、测试与诊断	根据实际任务需要，合理选择线缆连接设备；根据组建的网络测试其是否满足规划方案的要求；能否准确定位故障；能否自行优化与改进		15	
规范操作	技术应用	完成各项工作任务所采用的方法与手段是否合理		5	
	资料管理	资料收集、整理、保管是否有序，资料是否进行了装订，是否有目录		5	
	工具使用与摆放	物品摆放是否整齐有序，工具是否按要求放回原处，是否对工位进行清洁整理		5	
团队合作		依据小组团队学习的积极性和主动性，参与合作、沟通、交流的程度，互相帮助的气氛，团队小组成员是否协作共同完成团队工作任务进行评价		15	

第4章 生活社区网建设

4.1 任务描述

某生活小区有五栋楼，共有住房 231 套。四栋楼成三角形坐落，每栋楼高 15 层，每层都有四间住户。一栋为小区内一座三层的小区活动中心，中心机房位于该楼的第二层，准备用于放置交换机、服务器设备等。

对该项目的分析以对用户的需求分析为主，通过对实际情况的了解和用户提出的需求进行分析得出以下结果：

(1) 小区局域网主干为 1000Mb/s，具有 100Mb/s 到桌面接入。

(2) 电信运营商采用单模光纤接入到小区中心机房。

(3) 小区用户通过小区网络认证方式访问 Internet，同时保证内部网的数据免受外来入侵。

(4) 禁止小区内部通过局域网互访。

(5) 小区用户通过 DHCP 方式自动获取 IP 等信息。

(6) 各个楼道设备通过光纤与中心机房互联。

(7) 采用主流的 TCP/IP 协议对宽带网进行规划。

(8) 设计满足当前主流网络的原则。

4.2 实现过程

要建设一个功能强大，高效灵活的智能社区信息系统，首先需要一个稳定、可靠的计算机网络为硬件基础。对现代生活社区而言，计算机网络是实现社区智能家居信息化的基石。社区的计算机网络，就像为社区的信息系统搭建的一条高速公路，通过这条高速公路，社区才能为住户提供高质量的诸如电子商务、视频点播等网络服务。

网络设计需满足以下几个原则：

(1) 先进性：采用先进的交换机，提供高速的网络传输。

(2) 成熟性：采用的设备及网络方案应相对成熟、稳定。

(3) 统一性：必须遵循技术规范方案及规划，科学地统一建设。

(4) 可扩充性：为了适应网络系统变化的要求，必须充分考虑以最简便的方法、最佳的投资，实现系统的扩展和维护。

(5) 安全性及可管理性：保证整个系统的可管理性和整个系统的安全性、可靠性。

4.2.1 网络拓扑结构图设计

根据该社区网络建设需要实现的功能，结合以往的建设经验，比较目前流行的网络技术，以及考虑到用户投资保护及未来升级需求，采用万兆双核心，千兆网络主干，100/1000Mb/s 到桌面的二层扁平结构。小区拓扑结构如图 4-1 所示。

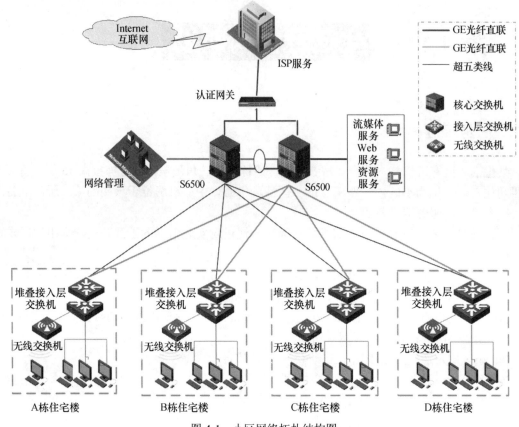

图 4-1　小区网络拓扑结构图

　　网络建设采用两层扁平化体系结构的好处在于扁平化体系结构具有多、快、好、省的优点，"多"是指可以接入较多用户、提供多种业务的特点；"快"是指由于去掉了汇聚层从而网络建设与业务部署更快速；"好"是指网络层次简单明了，便于管理和维护，今后在网络规模扩大时直接把现有的核心层下移或者在两层体系中间插入汇聚层就可以实现网络的平滑扩容，同时由于网络层次的简单，网络稳定性增强，单点故障减少，能够提供一个稳定高效的局域网络；"省"是指去掉汇聚层之后网络投资得到明显减少，既能够满足用户业务需求，又减少了用户的投资。

　　针对小区网络的特性，我们在该小区核心引入三层万兆以太网交换机，通过单模光纤上联至 ISP 接入区域交换机，可以使用户以高速宽带连接 Internet。每栋单元楼内放置千兆交换机，通过多模光纤将小区核心和单元楼连接起来。在住户家中添加以太网 RJ-45 信息插座作为接入网络的接口，使住户上网速率达到 100/1000Mb/s，从而满足住户对高带宽和高服务质量的需求。在小区将服务器组连接至万兆核心交换机上，给住户提供流媒体、Web 资源等服务。

4.2.2　VLAN 规划设计

　　该生活小区我们可根据住户类型划分 VLAN，以确保住户之间的相互隔离。小区 VLAN 规划见表 4-1。

表 4-1　VLAN 分配信息表

序号	单元楼	VLAN-ID	备注
1	A 栋	100	A 栋住户
2	B 栋	200	B 栋住户
3	C 栋	300	C 栋住户
4	D 栋	400	D 栋住户
5	E 栋	500	E 栋小区活动中心
6	E 栋-3010	600	服务器 VLAN
7		3000	管理 VLAN

4.2.3　IP 地址规划设计

宽带小区 IP 地址可由核心交换机上的 DHCP 服务分配，也可采用 PPPOE+DHCP 方式获取地址。无论哪种方式，一旦用户向 DHCP 服务申请 IP 地址，DHCP 服务器收到申请后都将从地址池中选取 IP 地址分配给用户。

小区网络 IP 地址规划见表 4-2。

表 4-2　IP 地址分配表

序号	单元楼	IP 地址范围	子网掩码	网关
1	A 栋	192.168.1.1-254	255.255.255.0	192.168.1.1
2	B 栋	192.168.2.1-254	255.255.255.0	192.168.2.1
3	C 栋	192.168.3.1-254	255.255.255.0	192.168.3.1
4	D 栋	192.168.4.1-254	255.255.255.0	192.168.4.1
5	E 栋	192.168.5.1-254	255.255.255.0	192.168.5.1
7	中心机房	192.168.6.1-254	255.255.255.0	192.168.6.1
8	网管 IP 范围	10.10.10.0/27	255.255.255.224	
9	公网 IP	202.192.100.1-6	255.255.255.248	

4.2.4　网络设备选型

网络设备型号的选择主要从两个方面考虑：一方面要考虑设备的性能指标；另一方面要考虑设备的报价。性能指标可以从几个方面考虑：物理参数、设备可靠性、端口容量、业务能力等。总之尽量选择性价比高的设备。

1. 核心层交换机设备选型

小区网络结构设计采用的是二层的扁平结构，这就要求核心层设备要支持丰富的功能与特性，能十分有效地抵挡接入层的各种变化和攻击。因此核心设备采用 Quidway S6502 高端多业务路由交换机。

Quidway S6502能够为城域网、园区网、数据中心提供超高速链路，打造低成本、高性能、具有丰富业务支持能力的高性能网络。Quidway S6502提供大容量、高密度、模块化的二、三层线速转发性能，同时具有丰富的业务功能、强大的 QoS 保障和 NAT 处理能力，以及完善的安全管理机制和电信级的高可靠设计，完全满足社区用户对多业务、高可靠、大容量、模块化的需求。核心层路由交换机主要技术参数见表4-3。

表 4-3 核心层路由交换机主要技术参数表

产品型号	S6502
插槽数量	2
业务槽位	2
背板容量	≥280Gb/s
交换引擎	内置于接口板
VLAN 数量	4K
MAC 地址表	16K
二层协议	支持 IEEE 802.1d(STP)/802.1w(RSTP)/802.1s(MSTP) 支持 RRPP(快速环网保护协议) 支持 BPDU TUNNEL 支持 802.1q，提供 4K VLAN 和 VLAN Trunk 支持基于端口、协议、子网的 VLAN 支持 Voice VLAN 支持 PVLAN、SuperVLAN 支持 GVRP/GMRP 支持 QinQ，灵活 QinQ 支持 802.3x 流控机制及半双工反压流控 支持 802.3ad 端口聚合 支持跨板端口汇聚和动态聚合(在一定的硬件配置条件下) 支持端口锁定 支持端口镜像 支持跨板端口镜像 支持 RSPAN 支持端口自动协商 支持广播风暴抑制 支持 9K JUMBO 帧
网络特性	支持 ARP 支持 Local ARP Proxy 支持 DHCP Relay 支持 DHCP Server
路由表项	64K
路由协议	支持 IP、TCP、UDP、ICMP 协议 支持 IPX 协议 支持 OSPF 支持 RIP1/2 支持静态路由

产品型号	S6502
路由协议	支持 IS-IS 支持 BGP4 支持策略路由 支持等价路由 支持 VRRP
组播协议	支持 IGMP、IGMP Proxy 支持 PIM-SM、PM-DM 等组播路由协议 支持 IGMP SNOOPING 支持组播 VLAN 支持组播权限控制 支持组播组快速离开
QOS	支持每端口 8 个硬件队列 支持 IEEE 802.1p(COS 优先级) 支持 L2/3/4 流规则分类过滤 支持 Diff-serv/QoS 支持流量监管(CAR)，粒度为 64Kb/s 支持流量整形(Traffic Shapping) 支持优先级 Mark/Remark 支持 PQ、SP、WRR、SP＋WRR 队列调度机制
NAT 功能	支持 NAT、动态 NAT 功能、动态 NAPT、ALG、多 ISP、EasyIP、NAT 策略、NAT 日志、NAT 黑名单、内部服务器等功能特性
网流分析	支持 NetStream 网流分析功能，可以对网络中的通信量和资源使用情况进行分类和统计，并生成报表，进行网络透视，并提供标准 V5、V9 格式统计输出
端口聚合	支持，最大支持 8 个 GE 口或 8 个 FE 口捆绑
POE	支持 IEEE 标准 802.3af PoE 功能
安全特性	提供 L2/3/4 ACL 流规则过滤； 用户分级管理和口令保护 提供多种用户认证方式：本地/Radius/802.1x/TACAS+认证 支持 OSPF、RIP v2、BGP v4 及 IS-IS 的报文明文及 MD5 密文认证 支持 SNMP v3 的加密和认证 支持 SSH V1.5/V2 支持 MAC-PORT、IP-MAC 绑定
系统最大功耗 (满插板)	300W

2．接入层交换机设备选型

住宅用户接入层交换机要能提供大量的接入端口以及各种接入端口类型，并提供强大的各类业务类型接入。因此接入层交换机采用 Quidway S2352P-EI 交换机。

S23529 为盒式产品设备，机箱高度为 1U，提供标准版(SI)和增强版(EI)两种产品版本。

标准版提供简单的二层接入功能；相比于标准 SI 版本，增强版提供更加强大的 VLAN、QoS、组播、安全、认证和可靠性功能。接入层交换机主要技术参数见表 4-4。

表 4-4 接入层交换机主要技术参数表

产品型号	S2352P
转发性能	13.1Mp/s
端口数	52
背板交换容量	32Gb/s
MAC 地址表	支持8K MAC 地址表 支持手工添加删除 MAC 地址表 支持 MAC 地址老化时间可配置 支持端口/聚合组关闭学习 MAC 能力 支持端口 MAC 地址数限制 支持黑洞 MAC
VLAN 特性	支持 IEEE 802.1Q(VLAN)，整机支持4K 个 VLAN 支持基于端口的 VLAN 支持基于 MAC 地址的 VLAN 基本 QinQ； 1:1 VLAN 交换；N:1 VLAN 交换
QoS	支持端口限速和流限速 支持每端口4个不同优先级的队列 支持 SP、WRR、SP+WRR 算法 支持根据报文 VLAN-PRI 映射到不同队列 支持基于源 MAC 地址、目的 MAC 地址、源 IP 地址、目的 IP 地址、四层端口、协议类型、 VLAN、以太网帧协议、CoS 等信息的流分类
组播	支持 IGMP v1/v2 Snooping 支持组播 VLAN 支持捆绑端口的组播负载分担 支持基于端口的组播流速率限制和流量统计
端口镜像	支持端口1:1或 N:1镜像 支持基于流镜像
安全特性	支持802.1x 支持单端口最大用户数限制 支持动态 ARP 检测 支持 AAA 认证，支持 Radius、HWTACACS 等多种方式 支持 IP Source Guard 支持 IP、MAC、端口的任意组合绑定 支持端口限速 支持端口隔离 支持包过滤 支持 MAC 地址过滤 支持多播、广播报文抑制 支持 MAC 地址学习数目限制 支持 CPU 保护功能

产品型号	S2352P
管理	支持自动配置功能 支持 CLI 配置 支持 Telnet 远程配置 支持 SNMP V1/V2/V3 支持 RMON 支持集群管理 HGMP V2 支持 SSH V2
环境要求	温度范围：0℃～50℃；相对湿度：10%～90%(无凝露)
电源	AC：额定电压范围：100～220V a.c.；50/60Hz；最大电压范围：90～264V a.c.；50/60Hz
	DC：额定电压范围：-48～-60V d.c.最大电压范围：-36～-72V d.c.

3. 可支持 POE 模块的接入层交换机设备选型

目前给无线 AP 供电有两种方式，一种就是通过外接电源供电，另一种则是通过以太网线直接供电。因此为了方便给无线 AP 供电，项目中采用了 H3C S3100-26TP-PWR-EI-D 这种支持 POE 可以利用以太网线给 AP 提供电源的接入层交换机。

POE (Power Over Ethernet)指的是在现有的以太网 Cat.5 布线基础架构不作任何改动的情况下，在为一些基于 IP 的终端(如 IP 电话机、无线局域网接入点 AP、网络摄像机等)传输数据信号的同时，还能为此类设备提供直流供电的技术(POE 系统构成如图 4-2 所示)。

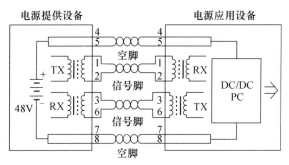

图 4-2　POE 供电图

4. 无线 AP 设备选型

无线 AP 选择 H3C WA2200X-AGP，H3C WA2200 系列支持 FIT 和 FAT 两种工作模式。这两种工作模式可通过命令进行切换。由于 AP 在 FIT 模式下需要与 AC 控制器配合才能工作，而 FAT 模式则可独立组网，因此在本项目中采用 FAT 模式进行工作。

FIT AP(瘦 AP)是一种新兴的 WLAN 组网模式，其相对 FAT AP 方案增加了 Wireless Switch(无线交换机)作为中央集中控制管理设备(简称 AC 控制器)，在原先 FAT AP 自身上承载的认证终结、漫游切换、动态密钥等复杂业务功能转移到 Wireless Switch 上来进行，AP 与 Wireless Switch 之间通过隧道方式进行通信，之间可以跨越 L2、L3 网络甚至广域网进行连接，因此减少了单个 AP 的负担，提高了整网的工作效率。同时由于 FIT AP 方案采用集中式管理，因此可以很方便地通过升级 Wireless Switch 的软件版本来实现更丰富业务功能的扩展。

FAT AP 方案组网结构如图 4-3 所示。

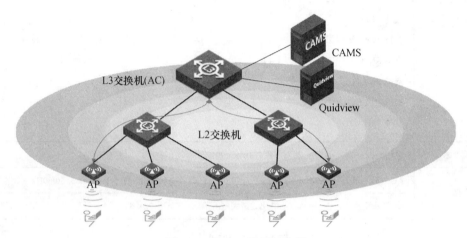

图 4-3 FAT AP 组网结构图

方案特点：

(1) AP 通过边缘 L2 交换机接入有线网络，AP 或者 L3 交换机(AC)作为认证终结点；

(2) 小规模 WLAN 网络应用，组网简单，成本低廉；

(3) AP 作为边缘接入设备，类似有线网络接入层交换机，管理简单。

由于 FAT AP 自身的原理特点，组网简单且成本低廉，它通常适用于规模较小、仅仅是数据接入业务需求的 WLAN 网络组建。

FIT AP 方案组网结构如图 4-4 所示。

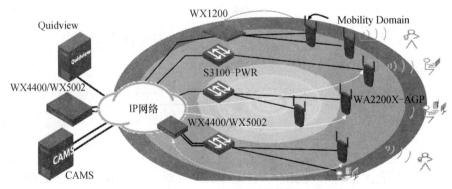

图 4-4 FIT AP 组网结构图

方案特点：

(1) 增加 Wireless Switch 作为中央控制管理单元、认证终结点，适合大规模 WLAN 组网；

(2) Wireless Switch 与 AP 之间跨越 L2、L3、广域网的灵活组网；

(3) 快速漫游切换、基于用户的权限管理、无线射频环境监控、话音视频等增值业务的满足。

两种组网方案对比，见表 4-5。

表 4-5　FAT AP 与 FIT AP 组网对比表

指标参数	FAT AP 方案	FIT AP 方案
技术模式	传统主流	新生方式，增强管理
安全性	传统加密、认证方式，普通安全性	增加射频环境监控，基于用户位置安全策略，高安全性
网络管理	对每 AP 下发配置文件	Wireless Switch 上配置好文件，AP 本身零配置
用户管理	类似有线，根据 AP 接入的有线端口区分权限	无线专门虚拟专用组方式，根据用户名区分权限
WLAN 组网规模	L2 漫游，适合小规模组网，成本较低	L2、L3 漫游，拓扑无关性，适合大规模组网，成本较高
增值业务能力	实现简单数据接入	可扩展话音等丰富业务

5. 主要网络设备清单表

结合社区的业务需求及接入信息点冗余考虑，需采购的网络设备主要清单见表 4-6。

表 4-6　主要设备清单

设备名称	产品型号	数量	参考价格	备注
核心交换机	Quidway S6502	2	9000	18000
接入层交换机	Quidway S2352P-EI	5	3000	15000
可支持 POE 模块的接入层交换机	S3100-16TP-PWR-EI-D	4	4000	16000
AP	WA2200X-AGP	5	2500	12500

4.2.5　工程实施进度计划

生活社区网络的整个完成时间计划为 15 天，工程进度安排见表 4-7，在工程施工过程中，将严格按照网络规划进行实施，在网络设备的安装与调试过程中，局部采取边施工边测试的原则，防止出现其他网络问题的发生。

表 4-7　进度安排表

时间进度 / 工程进度	1	2	3	4	5	6	7	8	9	10	11	12	13	14	15
入场、核实现场数据	▨														
设备、材料入场		▨													
设备安装与配置			▨	▨	▨	▨	▨	▨							
设备调式与服务搭建									▨	▨	▨				
工程文档															
培训												▨	▨	▨	
工程验收															▨

4.2.6　网络设备连接

根据用户需求和网络规划进行网络设备的连接，主要网络设备连接情况见表 4-8。

表 4-8 主要网络设备连接列表

建筑物	(接入层设备)	上联(设备)	上联(计费设备)	备注
A 栋	QuidwayS2352P-EI	Quidway S6502	DR.COM	
A 栋	S3100-16TP-PWR-EI-D	QuidwayS2352P-EI		下联 AP
B 栋	QuidwayS2352P-EI	Quidway S6502	DR.COM	
B 栋	S3100-16TP-PWR-EI-D			下联 AP
C 栋	QuidwayS2352P-EI	Quidway S6502	DR.COM	
C 栋	S3100-16TP-PWR-EI-D			下联 AP
D 栋	QuidwayS2352P-EI	Quidway S6502	DR.COM	
D 栋	S3100-16TP-PWR-EI-D			下联 AP
活动中心 E	QuidwayS2352P-EI	Quidway S6502	DR.COM	
中心机房	服务器群	Quidway S6502	DR.COM	

对于网络设备应严格按照网络施工要求进行连接，并详细标注连接位置，以便工程验收与后期维护。

4.2.7　内部局域网组建

小区内部局域网组建首先实现小区网络管理员能对小区整个网络进行监控与管理，其次保证小区上行网络的畅通，再次需要实现住户之间的计算机不能相互访问，实现必要的 VLAN 隔离，保证小区住户的安全性，最后需考虑生成树配置、VRRP、访问控制列表、路由配置等。

1. 接入层交换机配置

根据用户需求，接入层交换机的配置任务主要完成以下几点：

(1) 对接入层交换机进行规范命名；

(2) 每栋楼的接入层交换机都分配 64 个命名规范的业务 VLAN(交换机采用堆叠方式连接)，每个 VLAN 与楼栋房间单元对应(VLAN 分配不许重复)，并配置管理 VLAN；

(3) 对接入端口分别进行广播风暴控制、速率、双工属性、端口隔离等；

(4) 配置业务 VLAN 向上穿透端口，配置上行聚合端口；

(5) 配置 STP 生成树协议；

(6) 在配置过程中对小区设备进行登记统计。

接入层交换机配置过程例如下：

(1) 对设备进行规范命名。

```
<Quidway> system-view
[Quidway] sysname kanlexiaoqu_S2352P_01#
```

(2) 创建业务 VLAN，配置端口类型，并将端口划分到相应的 VLAN 里。

```
[kanlexiaoqu_S2352P_01#]vlan 100
[kanlexiaoqu_S2352P_01#-vlan 10] description 1#101
[kanlexiaoqu_S2352P_01#]vlan 3000
[kanlexiaoqu_S2352P_01#-vlan 3000] description 1#manager_vlan
[kanlexiaoqu_S2352P_01#] interface ethernet 0/0/1
```

```
[kanlexiaoqu_S2352P_01#-ethernet 0/0/1] port link-type access
[kanlexiaoqu_S2352P_01#] interface ethernet 0/0/2
[kanlexiaoqu_S2352P_01#-ethernet 0/0/2] port link-type access
[kanlexiaoqu_S2352P_01#] interface ethernet 0/0/3
[kanlexiaoqu_S2352P_01#-ethernet 0/0/3] port link-type access
[kanlexiaoqu_S2352P_01#] interface ethernet 0/0/4
[kanlexiaoqu_S2352P_01#-ethernet 0/0/4] port link-type access
#(相似配置，此处省略……)
[kanlexiaoqu_S2352P_01-vlan100]port e 0/0/1 to 0/0/48
```

(3) 对接入端口分别进行广播风暴控制、速率、双工属性配置、端口隔离。

```
[kanlexiaoqu_S2352P_01#-ethernet 0/0/1]broadcast-supression 5
[kanlexiaoqu_S2352P_01#-ethernet 0/0/1]speed {100| 10| auto}
[kanlexiaoqu_S2352P_01#-ethernet 0/0/1]duplex {full | half |auto}
[kanlexiaoqu_S2352P_01#-ethernet 0/0/1]port-isolate enable
```

(4) 配置业务 VLAN 向上穿透端口，配置上行聚合端口。

```
[kanlexiaoqu_S2352P_01#] link-aggregation group 1 mode static
[kanlexiaoqu_S2352P_01#] interface gigabitethernet 0/0/50
[kanlexiaoqu_S2352P_01#-gigabitethernet 1/1/1] port link-type trunk
[kanlexiaoqu_S2352P_01#-gigabitethernet 1/1/1] port trunk permit all
[kanlexiaoqu_S2352P_01#-ethernet 1/1/1] port link-aggregation group 1
[kanlexiaoqu_S2352P_01#] interface gigabitethernet 1/1/2
[kanlexiaoqu_S2352P_01#-gigabitethernet 1/1/2] port link-type trunk
[kanlexiaoqu_S2352P_01#-gigabitethernet 1/1/2] port trunk permit all
[kanlexiaoqu_S2352P_01#-ethernet 1/1/2] port link-aggregation group 1
```

(5) 配置 MSTP 生成树协议。

```
[kanlexiaoqu_S2352P_01#] stp enable
[kanlexiaoqu_S2352P_01#] stp mode mstp
[kanlexiaoqu_S2352P_01#] stp region-configuration
[kanlexiaoqu_S2352P_01#-mst-region] region-name info
[kanlexiaoqu_S2352P_01#-mst-region] instance 1 vlan 100 to 300
[kanlexiaoqu_S2352P_01#-mst-region] instance 2 vlan 400 to 600
[kanlexiaoqu_S2352P_01#-mst-region] revision-level 1
[kanlexiaoqu_S2352P_01#-mst-region] active region-configuration
```

1 号公寓楼交换机关键配置清单如下：

```
domain system
#
stp enable
stp region-configuration
region-name kanle
instance 1 vlan 100  to 300
```

```
instance 2 vlan 400  to 500
active region-configuration
#
vlan 1
#
vlan 100 to 500
#
vlan 3000
#
user-group system
#
interface NULL0
#
interface Vlan-interface3000
ip address 10.10.10.1 255.255.255.224
#
interface Ethernet0/0/1
port link-type access
port default vlan 100
port-isolate enable group 1
#(相似配置，此处省略……)
interface GigabitEthernet1/1/1
port link-type trunk
port trunk allow-pass vlan 2 to 4094
#(相似配置，此处省略……)
Interface  link-aggregation group 1
Port link-type trunk
port trunk allow-pass vlan 2 to 4094
Broadcast-suppression 5
#
snmp-agent
snmp-agent local-engineid 800063A203002389C816D2
snmp-agent community write private
snmp-agent community read xxxxxx
snmp-agent sys-info version all
#
user-interface aux 0 8
user-interface vty 0 4
acl 2200 inbound
set authentication password cipher $V%'B6233T3Q=^Q`MAF4<1!!
```

```
#
return
```

2. 核心层交换机配置

小区局域网要求对核心交换机进行相应的 VLAN 配置、端口聚合、STP 配置、DHCP Service、路由配置等，保证主干网络畅通。主要完成的配置如下：

(1) 对核心交换机进行规范命名。

(2) 在核心交换机上配置相应的业务与管理 VLAN。

(3) 配置各个业务 VLAN 接口 IP 地址作为接入终端的网关。

(4) 配置 DHCP 服务以实现对终端分配相关终端信息。

(5) 配置聚合端口、VRRP、STP 生成树协议、默认路由等。

核心层交换机[S6502-A]关键配置清单如下：

```
domain system
#(此处省略……)
stp instance 1 root primary
stp instance 2 root secondary
stp TC-protection enable
stp enable
stp region-configuration
region-name kanle
instance 1 vlan 100  to 300
instance 2 vlan 300  to 600
active region-configuration
#
vrrp ping-enable
#
acl number 1000
rule 0 deny tcp destination-port eq 139
rule 1 deny tcp destination-port eq 445
rule 2 deny tcp destination-port eq 593
rule 3 deny tcp destination-port eq 1433
rule 4 deny tcp destination-port eq 2500
rule 5 deny tcp destination-port eq 5554
#
vlan 1
#
vlan 100 to 600
#
vlan 3000
#
dhcp server ip-pool  A-100
```

```
network 192.168.1.0 mask 255.255.255.0
gateway-list 192.168.1.1
dns-list 202.100.192.68 202.100.199.8
expired day 6 hour 2
option 43 hex  80070000 01AC100C 02
#
#(相似配置，此处省略……)
dhcp server ip-pool Wifi
network 192.168.6.1 mask 255.255.255.0
gateway-list 192.168.6.1
dns-list 202.100.192.68 202.100.199.8
expired day 6 hour 2
#
interface Vlan-interface100
ip address 192.168.1.2 255.255.255.0
vrrp vrid 2 virtual-ip 192.168.1.1
vrrp vrid 2 priority 120
vrrp vrid 2 track Vlan-interface100 reduced 30
#(相似配置，此处省略……)
interface Vlan-interface600
ip address 192.168.6.2 255.255.255.0
vrrp vrid 7 virtual-ip 192.168.6.1
vrrp vrid 7 priority 120
vrrp vrid 7 track Vlan-interface600 reduced 30
#
interface Aux0/0/0
#
interface M-Ethernet0/0/0
#
interface GigabitEthernet1/0/1
port link-type trunk
port trunk allow-pass vlan 2 to 4094
#(相似配置，此处省略……)
interface GigabitEthernet2/0/1
port link-type trunk
port trunk allow-pass vlan 2 to 4094
#
Interface link-aggregatetion group 1
port link-type trunk
port trunk allow-pass vlan 2 to 4094
```

```
#
interface NULL0
#
ip route-static 0.0.0.0 0.0.0.0 10.10.10.33 preference 60
#
user-interface aux 0
user-interface vty 0 4
#
return
```

4.2.8　无线网络组建

生活小区无线网络主要实现生活小区范围内住户能以 Wifi 的形式接入到小区有线网络里并通过有线网络访问小区内部网络及互联网资源。

在本项目中我们给无线的规划设计使用 802.11g 或 802.11n 标准。

由于无线局域网络不需要铺设线缆，小区的住户可以通过多种接入设备，如 PCMCIA 网卡、CF 卡、USB 网卡来实现在家中或小区内任何地方进行无线上网。而接入层则通过 AP 和客户端进行无线链路并经有线连入小区网络中心，如图 4-5 所示。

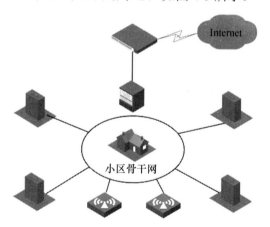

图 4-5　小区无线网络组建结构图

从整个方案构架来看，此方案不仅可以实现其他无线解决方案提供的灵活、移动、低成本、易安装等特点，为最终用户提供宽带无线接入方式。终端如笔记本、PC、PDA 以无线方式接入到 AP，多个 AP 通过小区骨干网接入一个或多个以太网供电交换机。

无线用户接入结合小区的计费系统生成统一的账单，避免资源浪费。

利用带有Wifi设备检索WVLAN信号，并查看是否能成功获取到正确的IP地址，并且连通社区内部网络终端设备，说明无线网络配置合理。

4.2.9　互联网接入

对于智能小区宽带的接入需求而言，小区局域网性能越稳定，用户也就越多，小区带宽的利用率就越高。但小区网络管理员需要防止的是，有些用户具备局域网配置能力，他们可能采用偷接的方式实现无偿接入网络。因此小区用户采用何种方式接入需根据用户不同的情况进行制定如按时间、按流量和包月等不同的计费策略。

1. 广域网接入技术

智能化小区最常用的接入技术有以下三种：ADSL、有线电视网、LAN 接入。

1) 固定电话网 ADSL 接入方式

固定电话网用于宽带接入的主要方式是非对称数字用户环路 ADSL。由于 ADSL 信号的工作频带与电话业务的工作频带不重合，在一条电话线上可以传送一般话音电话，也可以进行 ADSL 宽带数据业务，ADSL 系统发生故障而无法使用时，用户电话不受影响。

ADSL 方案的最大特点是不需要改造信号传输线路，完全可以利用普通铜质电话线作为传输介质，配上专用的 Modem 即可实现数据高速传输。

但是 ADSL 技术上缺点十分明显，由于电缆不同线路信号之间的相互串扰以及线路质量都对其有影响，ADSL 楼外也使用非屏蔽双绞线，对天气干扰(如雷击，下雨等)抗扰能力较差，带宽可扩展潜力不大。所以对于社区要求智能化不高、室内只要一个数据点的用户是一个选择。

2) 有线电视广播——HFC 接入方式

HFC 网不仅可以提供原来的有线电视业务，而且可以提供话音，数据以及其他交互型业务。在城市有线电视光缆和同轴电缆混合网上，使用 Cable Modem 进行数据传输构成宽带接入网。

其优点是可利用目前数以百万计的有线电视用户，只要简单改造就可满足用户上网要求。但布线方面的缺点也很多：

(1) HFC 网在光纤部分多采用星型网，电缆部分采用树型结构，对有线电视传输非常好。但对宽带高速综合业务网就不很合理。信息网对可靠性要求非常高，综合信息网一旦出现问题，却不能及时修复，可能给用户带来无法弥补的损失。为了提高网络的可靠性，一般采用环型网，若用星型网则需要热备份；

(2) 在电缆分配网的传输通道中，有源器件和无源器件过多，电缆接头过多严重降低了系统传输的可靠性；

(3) 宽带高速信息网在进行数据传输时，对误码率要求很高。要求电缆有很高的屏蔽性，需要使用无磁泄漏的电缆连接器，目前有线电视使用的器材还达不到要求；

(4) 由于采用树型结构，带宽虽然宽，但其技术上是共享网络，这就意味着用户要同邻居共享带宽，当用户大量增加时，其速度必然放慢。

3) LAN 接入

LAN 方式接入是利用以太网技术，采用光缆+双绞线的方式对社区进行综合布线。以太网是目前最为广泛的局域网络传输方式，它采用基带传输，通过双绞线和传输设备实现 10M/100M/1000M 的网络传输。基于以太网技术的宽带接入网完全可以应用在公网环境中，为用户提供标准以太网接口，能够兼容所有带标准以太网接口终端，用户不需要另配任何接口卡或协议软件，因而它是一种十分廉价的宽带接入技术。

另外，Ethernet 技术成熟，成本低，结构简单，稳定性强，扩充性好，便于网络升级。现在水平布线使用非屏蔽超六类双绞线，它的带宽达到 1000Mb/s。垂直干缆用光纤来布设。对于一个家庭来说完全可以满足今后数十年的升级要求。

通过以上三种宽带接入方式的比较，最适合智能小区网络接入的是具有高速、易于管理等优点的 LAN 接入技术，因此，本篇的智能小区规划使用的是 LAN 接入技术。

2．小区的计费认证

结合小区互联网接入业务的特性，本项目利用 Dr.COM(城市热点)作为生活小区互联网接入设备，在 Dr.COM 上配置实现 NAT 转化及部分安全访问，同时作为计费服务器对小区用户进行认证、计费。当小区用户需要访问互联网资源时，将由核心交换机将用户请求转发给计费认证服务器，计费服务器收到用户请求后，根据小区用户办理的业务接入到互联网。

Dr.COM 计费设备物理串接在核心交换机和电信城域网接入设备之间；灵活实现对核心交换下接入的小区进行统一管理控制、认证、计费。

小区 Dr.COM 计费服务关键配置如图 4-6 至图 4-13 所示。

图 4-6　内网以太网端口配置

图 4-7　互联网接入端口配置

连接内网与外网的网口配置。

图 4-8　NAT 地址池配置

图 4-9　外网地址映射池

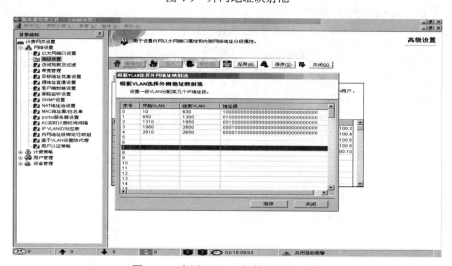

图 4-10　内网 VLAN 与外网地址映射

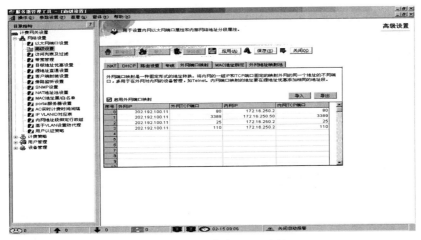

图 4-11　设置静态 NAT 映射

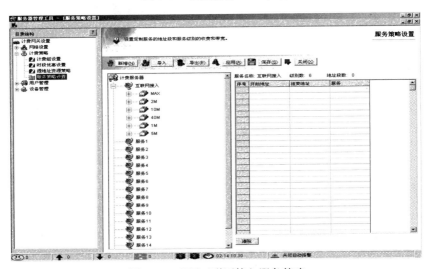

图 4-12　配置互联网接入服务策略

图 4-13　创建宽带接入账号

以上为 Dr.COM 关键参数配置过程。

3．客户端测试

接入终端安装计费客户端，利用已注册好的用户进行登录测试，如图 4-14 至图 4-15 所示。

图 4-14　客户端宽带认证

图 4-15　客户端登录

接入终端能成功登录，说明计费服务配置成功。

4．小区网络访问控制

随着网络病毒及黑客技术的不断发展，网络设备也面临着越来越多的攻击。因此为了保证小区网络的正常运行，我们需要在交换机上配置相关的安全策略去有效保护小区网络、资源服务器不受攻击，以达到小区网络的稳定运行。

1) 华为交换机访问控制列表配置规则

(1) 标准 IP 访问控制列表。

一个标准 IP 访问控制列表匹配 IP 包中的源地址或源地址中的一部分，可对匹配的包采取拒绝或允许两个操作。编号范围是从 1 到 99 的访问控制列表是标准 IP 访问控制列表。

标准访问列表命令格式如下：

```
acl <acl-number> [match-order config|auto]
rule [normal|special]{permit|deny} [source source-addr source-wildcard|any]
```

例如：

```
[Quidway]acl 10
[Quidway-acl-10]rule normal permit source 10.0.0.0 0.0.0.255
[Quidway-acl-10]rule normal deny source any
```

(2) 扩展 IP 访问控制列表。

扩展 IP 访问控制列表比标准 IP 访问控制列表具有更多的匹配项，包括协议类型、源地址、目的地址、源端口、目的端口、建立连接的和 IP 优先级等。编号范围从 100 到 199 的访问控制列表是扩展 IP 访问控制列表。

配置 TCP/UDP 协议的扩展访问列表：

```
rule {normal|special}{permit|deny}{tcp|udp}source {<ip wild>|any}destination
<ip wild>|any}[operate]
```

示例：

```
[Quidway]acl 101
```

```
[Quidway-acl-101]rule permit tcp source any destination 10.0.0.1 0.0.0.0
destination-port equal ftp
    [Quidway-acl-101]rule permit tcp source any destination 10.0.0.2 0.0.0.0
destination-port equal www
```
配置 ICMP 协议的扩展访问列表：
```
rule {normal|special}{permit|deny}icmp source {<ip wild>|any]destination {<ip
wild>|any]
    [icmp-code] [logging]
```
示例：
```
[Quidway]acl 102
[Quidway-acl-102]rule deny souce any destination any
[Quidway-acl-102]rule permit icmp source any destination any icmp-type echo
[Quidway-acl-102]rule permit icmp source any destination any icmp-type
echo-reply
```

需要注意的是：每个 ACL 的末尾都会自动插入一条隐含的 deny 语句，虽然 ACL 中看不到这条语句，但它仍起作用。隐含的 deny 语句会阻止所有流量，以防不受欢迎的流量意外进入网络。

2）核心层交换机[S6502-A] 访问控制列表关键配置清单
```
domain system
# (此处省略……)
Acl number 1000
Rule 0 deny tcp destination-port eq 139
Rule 1 deny tcp destination-port eq 445
Rule 2 deny tcp destination-port eq 593
Rule 3 deny tcp destination-port eq 1433
Rule 4 deny tcp destination-port eq 2500
Rule 5 deny tcp destination-port eq 5554
#
VLAN 100 to 600
#
VLAN 3000
#
Interface GigabitEthernet 3/0/8
Port link-type trunk
Port trunk permit VLAN all
Broadcast-suppression 5
Packet-filter inbound ip-group 1000 rule 0
Packet-filter inbound ip-group 1000 rule 1
Packet-filter inbound ip-group 1000 rule 2
Packet-filter inbound ip-group 1000 rule 3
```

```
Packet-filter inbound ip-group 1000 rule 4
Packet-filter inbound ip-group 1000 rule 5
Packet-filter outbound ip-group 1000 rule 0
Packet-filter outbound ip-group 1000 rule 1
Packet-filter outbound ip-group 1000 rule 2
Packet-filter outbound ip-group 1000 rule 3
Packet-filter outbound ip-group 1000 rule 4
Packet-filter outbound ip-group 1000 rule 5
#
 arp source-suppression enable
 arp source-suppression limit 6
 arp anti-attack source-mac filter
 arp anti-attack source-mac threshold 30
#
user-interface con 1
user-interface aux 1
user-interface vty 0 4
 acl 1000 inbound
 set authentication password cipher $V%'B6233T3Q=^Q`MAF4<1!!
#
Return
```

3) 功能测试

利用 telnet 命令进行测试，查看访问控制端口是否可以访问，如图 4-16 所示。

图 4-16　连接测试

未能打开到主机的连接，在端口 445 连接失败。

4.2.10　项目验收

工程实施完成后要测试内部网络及互联网的连通性，通过模拟终端接入用户持续 Ping 远程服务站点，如：ping www.csdn.net -t，并通过返回值检查网络运行状况。

当网络测试正常后，还需要对整个网络进行一段时间的试运行，以检查网络的稳定性、功能、性能等。

当整个网络项目试运行结束时，项目组成员要依据双方总体提出的验收标准对试运行情况进行分析，并给出结论性意见。若试运行期间连续运行无重大事故，并且达到预期性能指标，则通过验收。具体验收标准由双方根据当时合同和方案制定，验收确认网络正常情况下系统投入正常运行使用。

4.3 新知识点

虚拟路由器冗余协议(VRRP)是一种选择协议，它可以把一个虚拟路由器的责任动态分配到局域网上的 VRRP 路由器中的一台.控制虚拟路由器 IP 地址的 VRRP 路由器称为主路由器，它负责转发数据包到这些虚拟 IP 地址。一旦主路由器不可用，这种选择过程就提供了动态的故障转移机制，这就允许虚拟路由器的 IP 地址可以作为终端主机的默认第一跳路由器。使用 VRRP 的好处是有更高的默认路径的可用性而无须在每个终端主机上配置动态路由或路由发现协议。VRRP 包封装在 IP 包中发送。

使用 VRRP，可以通过手动或 DHCP 设定一个虚拟 IP 地址作为默认路由器。虚拟 IP 地址在路由器间共享，其中一个指定为主路由器而其他的则为备份路由器。如果主路由器不可用，这个虚拟 IP 地址就会映射到一个备份路由器的 IP 地址(这个备份路由器就成为了主路由器)。VRRP 也可用于负载均衡。VRRP 是 IPv4 和 IPv6的一部分。

VRRP(Virtual Router Redundancy Protocol，虚拟路由冗余协议)是一种容错协议。通常，一个网络内的所有主机都设置一条默认路由(如图4-17所示，10.100.10.1)，这样，主机发出的目的地址不在本网段的报文将被通过默认路由发往路由器 RouterA，从而实现了主机与外部网络的通信。当路由器 RouterA 坏掉时，本网段内所有以 RouterA 为默认路由下一跳的主机将断掉与外部的通信。

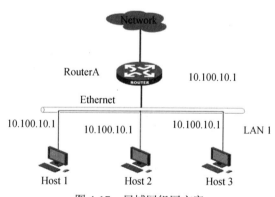

图 4-17　局域网组网方案

VRRP 就是为解决上述问题而提出的，它为具有多播或广播能力的局域网(如以太网)设计。我们结合图4-18来看一下 VRRP 的实现原理。VRRP 将局域网的一组路由器(包括一个 Master 活动路由器和若干个 Backup 备份路由器)组织成一个虚拟路由器,称之为一个备份组。

这个虚拟的路由器拥有自己的 IP 地址10.100.10.1(这个 IP 地址可以和备份组内的某个路由器的接口地址相同)，备份组内的路由器也有自己的 IP 地址(如 Master 的 IP 地址为10.100.10.2，Backup 的 IP 地址为10.100.10.3)。局域网内的主机仅仅知道这个虚拟路由器的 IP

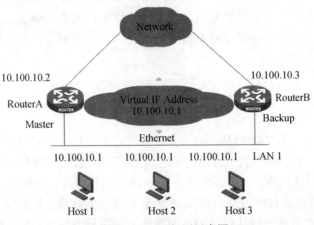

图 4-18　VRRP 组网示意图

地址10.100.10.1，而并不知道具体的 Master 路由器的 IP 地址10.100.10.2 以及 Backup 路由器的 IP 地址10.100.10.3，它们将自己的默认路由下一跳地址设置为该虚拟路由器的 IP 地址10.100.10.1。于是，网络内的主机就通过这个虚拟的路由器来与其他网络进行通信。如果备份组内的 Master 路由器坏掉，Backup 路由器将会通过选举策略选出一个新的 Master 路由器，继续向网络内的主机提供路由服务，从而实现网络内的主机不间断地与外部网络进行通信。

下面的例子显示如何实现 VRRP 配置，如图4-19所示。

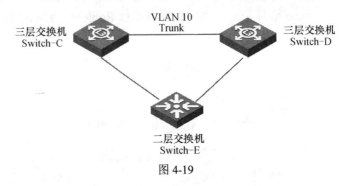

图 4-19

该网络由两台三层交换机与一台二层交换机组成。在三层中建立 VLAN 10　并设置 SVI 地址和 VRRP 浮动地址。并在交换机 Switch-C 上设置了优先级(优先级默认为100，优先级数值越高则为 Master)。

主交换机配置例：

```
interface Vlan-interface  10
ip address 192.168.1.252 255.255.255.0
vrrp vrid 10 virtual-ip 192.168.1.254
vrrp vrid 10 priority 120
```

备交换机配置例：

```
interface Vlan-interface 10
ip address 192.168.1.253 255.255.255.0
```

```
vrrp vrid 10 virtual-ip 192.168.1.254
vrrp vrid 10 priority 100
```
其中 virtual-ip 192.168.1.254是192.168.1.0(VLAN10)内主机的网关。

三层交换机[Switch-C]配置如下：
```
vlan  10
interface Vlan-interface  10
ip address 192.168.1.252 255.255.255.0
vrrp vrid 30 virtual-ip 192.168.1.254
vrrp vrid 30 priority 120
#
interface GigabitEthernet1/0/1
desc to_SWITCH-D
duplex full
speed 1000
port link-type trunk
undo port trunk permit vlan 1
port trunk permit vlan 10
#
interface GigabitEthernet1/0/2
desc to ercheng-switch
duplex full
speed 100
port link-type trunk
undo port trunk permit vlan 1
port trunk permit vlan 10
#
```

三层交换机[Switch-D]配置如下：
```
vlan  10
interface Vlan-interface  10
ip address 192.168.1.253 255.255.255.0
vrrp vrid 30 virtual-ip 192.168.1.254
#
interface GigabitEthernet1/0/1
desc to_SWITCH-C
duplex full
speed 1000
port link-type trunk
undo port trunk permit vlan 1
port trunk permit vlan 10
#
```

```
interface GigabitEthernet1/0/2
desc to ercheng-switch
duplex full
speed 100
port link-type trunk
undo port trunk permit vlan 1
port trunk permit vlan 10
 #
```

两台三层交换机互联接口起 TRUNK，并将 VLAN 10允许通过。

二层配置：

(1) 在二层中必须开启 STP 协议。

(2) 二层与三层互联接口为 TRUNK，并允许 VLAN 10通过。

(3) 建立 VLAN 10 ，把端口划到 VLAN10中就可以接终端了。

二层交换机[Switch-E]配置如下：

```
sysname switch-E
#
super password level 3 cipher B3+8V
#
radius scheme system
server-type Huawei
primary authentication 127.0.0.1 1645
primary accounting 127.0.0.1 1646
user-name-format without-domain
domain system
radius-scheme system
access-limit disable
state active
vlan-assignment-mode integer
idle-cut disable
self-service-url disable
messenger time disable
domain default enable system
#
local-server nas-ip 127.0.0.1 key Huawei
#
stp enable
#
vlan 1
#
vlan 10
```

```
#
```
二层交换机的 IP，如果不需要对二层交换机做 Telnet 管理，可以不配。
```
interface Vlan-interface10
ip address 192.168.1.1 255.255.255.0
#
interface Aux0/0
#
interface Ethernet0/1
port access vlan 10
#
interface Ethernet0/2
port access vlan 10
#
interface Ethernet0/22
port access vlan 10
#
interface Ethernet0/23
duplex full
speed 100
port link-type trunk
undo port trunk permit vlan 1
port trunk permit vlan 10
#
interface Ethernet0/24
duplex full
speed 100
port link-type trunk
undo port trunk permit vlan 1
port trunk permit vlan 2 to 10
#
interface GigabitEthernet1/1
#
interface GigabitEthernet2/1
#
interface NULL0
#
```
二层交换机的网关，如果不需要对二层交换机做 Telnet 管理，可以不配。
```
ip route-static 0.0.0.0 0.0.0.0 192.168.1.254  preference 60
#
user-interface aux 0
```

```
authentication-mode password
set authentication password cipher IG.X/5-4I#XS@
user-interface vty 0  4
set authentication password cipher IG.X/5-4I#XNI
#
return
```

4.4 网络故障处理

1. 常见故障一

故障现象：小区网络刚开通几天，许多住户打电话来询问，网络是不是不正常，上网很慢而且时断时续。

故障分析：将一台终端电脑 IP 改成固定 IP，并且 DNS 改为电信提供 DNS 服务器，改完后上网立即变快了，说明是域内的 DNS 服务器解析有时延。

故障解决：城市热点计费设置上设置外网的 DNS 服务器，设置完成后，再上网测试，此时故障消失了，上网速度正常了。

2. 常见故障二

故障现象：小区所有公寓的 IP 都是由 DHCP 服务自动分配的，现在有 A 栋公寓住户报不知怎么回事都无法获取正确的内网 IP 了，用"ipconfig /release"释放后，再用"ipconfig /renew"重新刷新，结果分配了一个 169.254.*.* 之类的 IP 地址。

故障分析：当计算机只能分配到"169.254.*.*"时，就说明 DHCP 服务器发生故障了。故障的原因可能是客户端没有找到 DHCP 服务器或是 DHCP 响应时间太长，超出了系统规定的时间。

故障解决：由于小区 DHCP 服务是在交换机配置，因此首先需要检查网络线路是否存在故障，发现线路正常，重启核心交换机后一切恢复正常。

3. 常见故障三

故障现象：小区某住户电脑系统是 Windows XP，在卸载 Norton Antivirus 后，发现无法上网了，检查"本地连接"中的 TCP/IP 属性，发现 IP 地址是"0.0.0.0"。检查系统日志发现有"Error 7003 DHCP service failed to start because dependency service SYMTDI will not start."的信息。

故障分析：当电脑 IP 地址变为"0.0.0.0"。出现这个 IP 地址表示当前的网络"接口"没有打开，实际上就是没有可用的 IP 地址存在，所以网络无法通信。

故障解决：由于 DCHP 客户端初始化失败，这就导致了 0.0.0.0 的出现。DHCP 服务未能运行是由于与它有"依存关系"的 SYMTDI 服务未能启动导致的。而 SYMTDI 服务未能启动是因为删除 Norton Antivirus 时，没有自动解除对 SYMTDI 服务的监控项所导致的。解决方法：进入注册表编辑器找到"HKEY_LOCAL_MACHINE\System\CurrentControlSet\Services\DHCP"分支，双击右侧的 DependOnService 键，在属性框的变量列表中删除 SYMTDI 项并重新启动计算机即可。

4.5 任务总结与评价

本次任务对生活小区上网的规划、设备选型、网络实施等方面进行了详细的介绍，根据生活小区网络生活需求进行内部和外部网络的设计、构建出稳定、能满足小区的网络环境。

各小组根据用户需求进行设计与实施生活小区网络组建，并对自己小组完成的小区网进行展示、介绍；尤其重点介绍小组所设计及实现的小区网络较其他小组的优势，最后小组对完成的任务总结、评价。

通过观察小组开展协作活动的情况，包括实训小组的组织管理、工作过程及各环节的衔接，了解小组成员的体会，对小组中的个体进行评价。对学生的评价根据其在工作过程中实践技能的掌握和工作过程的素质形成两类指标进行。

评价可以按下列表格的形式进行：表4-9为自我评价表，表4-10为小组互评表，表4-11为教师评价表。

表 4-9　自我评价表

姓名		学号		评价总分		
班级		所在小组				
实训项目		考核标准			评价分数	
					分值	得分
网络规划方案设计		考核 IP 规划、子网划分是否合理，网络设备选型是否准确，格式是否规范，能独立完成网络拓扑图的绘制，是否能够按时完成并说明方案设计			15	
内部局域网组建		按工作任务完成情况进行评价考核。主要考核能否按用户要求实现交换机的 VLAN 划分、链路汇聚等配置			25	
广域网接入		按工作任务完成情况进行评价考核。主要考核能否按用户要求实现路由器的基本管理、静态路由、DHCP、NAT、ACL、端口隔离等			25	
设备连接、测试与诊断		根据实际任务需要，合理选择线缆连接设备；根据组建的网络测试其是否满足规划方案的要求；能否准确定位故障；能否自行优化与改进			15	
团队协作能力		考查在小组团队完成工作任务中的表现，是否积极参与小组的学习，能否与团队其他成员合作沟通、交流、互相帮助			20	
自我综合评价与展望						
					年　月　日	

表 4-10　小组互评表

姓名		评价人		评价总分		
班级		所在小组				
小组评价内容		考核标准			评价分数	
					分值	得分
实训资料归档、实训报告		考查能否积极参与工作任务的计划阶段，主动参与学习与讨论，积极参与工作任务的实施，是否能独立按时完成实训报告			10	
团队合作		考查在小组团队完成工作任务中的表现，是否积极参与小组的学习、讨论、交流和沟通，是否能与小组其他成员协作共同完成团队工作任务			10	
网络规划方案的设计		考核 IP 规划、子网划分是否合理，网络设备选型是否准确，格式是否规范，能独立完成网络拓扑图的绘制，是否能够按时完成并说明方案设计			10	
内部局域网组建		按工作任务完成情况进行评价考核。主要考核能否按用户要求实现交换机的 VLAN 划分、链路汇聚等配置			20	
广域网接入		按工作任务完成情况进行评价考核。主要考核能否按用户要求实现路由器的基本管理、静态路由、DHCP、NAT、ACL、端口隔离等			20	
设备连接、测试与诊断		根据实际任务需要，合理选择线缆连接设备；根据组建的网络测试其是否满足规划方案的要求；能否准确定位故障；能否自行优化与改进			15	
小组成员互评满意度		评价各个成员在整体项目的参与、协作、提出有针对性的建议等方面，是否团队骨干，是否达到项目的任务目标			15	
综合评价与展望						
					年　月　日	

表 4-11　教师评价表

小组及成员						
考核教师				评价总分		
考核内容		考核标准			评价分数	
					分值	得分
技术实现	网络规划方案的设计	考核 IP 规划、子网划分是否合理，网络设备选型是否准确，格式是否规范，能独立完成网络拓扑图的绘制，是否能够按时完成并说明方案设计			15	
	内部局域网组建	按工作任务完成情况进行评价考核。主要考核能否按用户要求实现交换机的 VLAN 划分、链路汇聚等配置			20	

小组及成员				
考核教师			评价总分	
考核内容		考核标准	评价分数	
			分值	得分
技术实现	广域网接入	按工作任务完成情况进行评价考核。主要考核能否按用户要求实现路由器的基本管理、静态路由、DHCP、NAT、ACL、端口隔离等	20	
	设备连接、测试与诊断	根据实际任务需要，合理选择线缆连接设备；根据组建的网络测试其是否满足规划方案的要求；能否准确定位故障；能否自行优化与改进	15	
规范操作	技术应用	完成各项工作任务所采用的方法与手段是否合理	5	
	资料管理	资料收集、整理、保管是否有序，资料是否进行了装订，是否有目录	5	
	工具使用与摆放	物品摆放是否整齐有序，工具是否按要求放回原处，是否对工位进行清洁整理	5	
团队合作		依据小组团队学习的积极性和主动性，参与合作、沟通、交流的程度，互相帮助的气氛，团队小组成员是否协作共同完成团队工作任务进行评价	15	

第5章 校园园区网建设

5.1 任务描述

　　某学校是教育部备案的培养信息、软件行业的高素质技能型专门人才的公办全日制高等职业院校，学校占地面积 326 亩，现有学生 6000 多名，教职工 380 多名。学校现有综合办公楼、教学楼、图书馆、艺术馆、科技楼、实训中心、学生公寓、食堂等 23 栋建筑物。校园网共有信息点 6100 多个，学校网络中心设在科技楼二层，网络出口有中国电信及教育科研网两条光纤链路，目前学校网络核心层采用万兆单核心设备接入，在各楼主设备间均放置汇聚层三层网络设备，各楼通过接入层网络设备与汇聚层网络设备相连，实现 1000Mb/s 主干 100Mb/s 到桌面。

　　目前该学校具体网络需求如下：

　　(1) 建设以网络中心为核心，连接校园各个楼宇的校园主干网络。要求主干网带宽达到 1000Mb/s；

　　(2) 实现网络核心层的冗余及互联网的双网接入；

　　(3) 根据校园内不同用户的需求，划分相应的子网，以方便网络管理、提高网络性能；

　　(4) 终端用户连接校园网后能自动获取到相应的 IP、网关及 DNS 地址；

　　(5) 在整个校园网内实现资源共享，为教学、科研、管理提供服务；

　　(6) 提供常用的互联网应用，包括 Web 服务、E-Mail 服务、文件传输等；

　　(7) 为校园网提供对内对外的服务器的安全访问；

　　(8) 为校园内用户提供 Wifi 接入，通过认证后可连入互联网；

　　(9) 为校园网提供有效的网络管理措施，实现对整个校园网的管理和控制；

　　(10) 校园网提供相应容错功能，防止在校园网出现故障时导致整个网络瘫痪。

5.2 实现过程

5.2.1 网络拓扑结构图设计

　　根据该校园网络建设需要实现的功能，结合我们以往的建设经验，比较目前流行的网络技术，以及考虑到用户投资保护及未来升级需求，我们在该校办公、教学区采用十万兆双核互备份的核心冗余结构，万兆网络汇聚主干，100/1000Mb/s 到桌面的三层结构，而对于教师宿舍及学生宿舍统一采用 Epon 接入。网络结构如图 5-1 所示。

1. 核心层设计

　　新增两台万兆交换机构成网络核心，A 机主要负责宿舍区网络的流量，B 机主要负责教学和办公区网络的流量。新增一台千兆防火墙接入互联网。

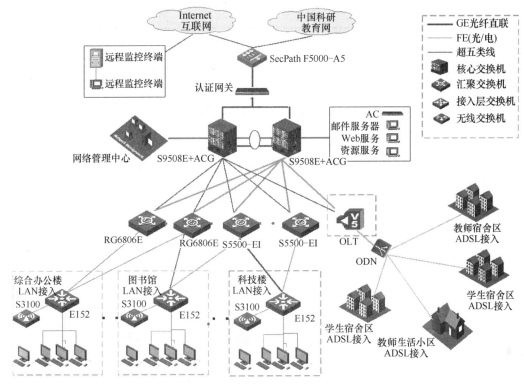

图 5-1 学校网络拓扑结构图

2. 汇聚与接入层

汇聚与接入层依据网络节点分布数量而设计，并在学校范围内安装无线 AP 为有线接入的补充。

3. 宿舍区网络的接入连接

教工、学生宿舍区统一采用 ADSL 接入方式，通过 DSLAN 设备的千兆口，利用光纤接连到校园网核心交换机千兆口上，实现宿舍区网络整体接入校园网。

5.2.2　VLAN 及 IP 地址规划设计

由于学校终端接入点比较多，为了有效节约 IP 地址，项目中采用 SUPER VLAN 技术实现 VLAN 划分。

根据该学校网络业务需求，项目组将学校校园网规划近 100 个 VLAN，各个 VLAN 的终端接入通过 DHCP 服务自动获取 IP 地址，并且各 VLAN 间通过本楼汇聚交换机进行路由转发，汇聚层交换机与核心层交换机通过路由进行通信，学校主要业务 VLAN 规划见表 5-1。

表 5-1　VLAN 分配信息表

序号	VLAN_ID	VLAN Name	IP/Subnetwork	备注
1	2	ZHL	172.16.2.0/24	综合楼
2	3	KJL	172.16.3.0/24	科技楼
3	4	JGL_E	172.16.4.0/24	教工楼 E
4	5	JGL_F	172.16.5.0/24	教工楼 F
5	6	JXL	172.16.6.0/24	教学楼

序号	VLAN_ID	VLAN Name	IP/Subnetwork	备注
6	7	TSG	172.16.7.0/24	图书馆
7	8	YSG	172.16.8.0/24	艺术馆
8	9	SXJD	172.16.9.0/24	实训基地
9	10	LY	172.16.10.0/24	预留网段
10	11	FireWall	172.16.11.0/24	安全通信
11	12	WLan_AC	172.16.12.0/24	无线控制器
12	14	JiFei_Vlan	172.16.14.0/24	计费通信
13	18-22	JSXQ	222.17.251-255.0/24	教师生活小区 (超级 VLAN)ZTE_OLT 电信
14	50-58	XSSSQ	10.0.0.0//22	学生宿舍区 (超级 VLAN)ZTE_OLT 电信

5.2.3 网络设备选型

1. 防火墙设备选型

结合学校目前实际情况及未来几年的校园网发展趋势，我们选择 H3C SecPath F5000-A5 作为学校互联网接入安全防护。

H3C SecPath F5000-A5 旨在满足大型企业、运营商和数据中心网络高性能的安全防护。SecPath F5000-A5(主要参数见表 5-2)采用多核多线程、ASIC 等先进处理器构建分布式架构，将系统管理和业务处理相分离，实现整机吞吐量达到 40Gb/s，使其具有全球最高性能的分布式安全处理能力。

表 5-2　防火墙设备主要技术参数表

产品型号		H3C SecPath F5000-A5
运行模式		路由模式、透明模式、混合模式
网络安全性	防火墙	ASPF 应用层报文过滤 应用层协议：FTP、HTTP、SMTP、RTSP、H.323(Q.931，H.245，RTP/RTCP) 传输层协议：TCP、UDP 抗攻击特性 Land、Smurf、Fraggle、WinNuke、Ping of Death、Tear Drop、IP Spoofing、SYN Flood、ICMP Flood、UDP Flood、ARP 欺骗攻击防范 TCP 报文标志位不合法攻击防范等
	邮件/网页/应用层过滤	邮件过滤、SMTP 邮件地址过滤、邮件标题过滤、邮件内容过滤、邮件附件过滤、网页过滤、HTTP URL 过滤、HTTP 内容过滤、应用层过滤、Java Blocking、ActiveX Blocking、SQL 注入攻击防范
	安全日志及统计	用户行为流日志、NAT 转换日志、攻击实时日志、黑名单日志、地址绑定日志、流量告警日志

产品型号		H3C SecPath F5000-A5
网络安全性	NAT	支持多个内部地址映射到同一个公网地址
		支持多个内部地址映射到多个公网地址
		支持内部地址到公网地址一一映射
		支持源地址和目的地址同时转换
		支持外部网络主机访问内部服务器
		支持内部地址直映射到接口公网 IP 地址
		支持 DNS 映射功能
		可配置支持地址转换的有效时间
		支持多种 NAT ALG，包括 DNS、FTP、H.323、ILS、MSN、NBT、PPTP、SIP 等
VPN	L2TP VPN	支持根据 VPN 用户完整用户名、用户域名向指定 LNS 发起连接
		支持为 VPN 用户分配地址
		支持进行 LCP 重协商和二次 CHAP 验证
	GRE VPN	
	IPSec/IKE	支持 AH、ESP 协议
		支持手工或通过 IKE 自动建立安全联盟
		ESP 支持 DES、3DES、AES 多种加密算法
		支持 MD5 及 SHA-1 验证算法
		支持 IKE 主模式及野蛮模式
		支持 NAT 穿越
		支持 DPD 检测
网络互连	局域网协议	Ethernet_II、Ethernet_SNAP、802.1q VLAN
	链路层协议	PPPoE
网络协议	IP 服务	ARP、域名解析、IP UNNUMBERED、DHCP 中继、DHCP 服务器、DHCP 客户端
	IP 路由	静态路由、RIP v1/2、OSPF、BGP、路由策略、策略路由
高可靠性		双机状态热备，Active/Active 和 Active/Passive 两种工作模式，支持负载分担和业务备份、远端链路状态监测(L3 monitor)、关键部件冗余设计、接口模块热插拔、支持 VRRP、机箱温度自动检测

2. 核心层交换机设备选型

校园网络核心担负着对全网中 80%的数据流量的转发，同时须对各个汇聚区域提供负载均衡、路由快速收敛和高带宽的扩展能力。且如今的网络中，存在着大量的病毒和未知的不安全因素。因此，会对网络的核心造成巨大的挑战。如何保证核心设备的稳定，成为保证校园网稳定运行的重中之重。

在本次项目中我们采用 H3C S9508E 交换机作为新网络的核心。并为其配备 IPS、ACG 等业务模块，配备 24 口光纤接口业务模块。

H3C S9508E 核心路由交换机是杭州华三通信技术有限公司(以下简称 H3C 公司)面向园区网核心和数据中心市场推出的新一代核心路由交换机。S9508E 在提供大容量、高性能 L2/L3 交换服务基础上，进一步融合了硬件 IPv6、硬件 MPLS、安全、业务分析等智能特性，可为园区网、数据中心构建融合业务的基础网络平台，进而帮助用户实现 IT 资源整合的需求。H3C S9508E 主要技术参数见表 5-3。

表 5-3　核心交换机设备主要技术参数

产品型号	S9508E
背板带宽	4.8Tb/s
交换容量	1.44Tb/s
包转发率	576Mp/s
主控板槽位数	2
业务板槽位数	8
冗余设计	主控、风扇、电源冗余
以太网功能	支持 802.1Q 支持 DLDP、LLDP 支持 PoE 支持 PBB、静态 MAC 配置 支持 MAC 地址学习数目限制 支持端口镜像和流镜像功能 支持端口聚合、端口隔离 支持 802.1d(STP)/802.1w(RSTP)/802.1s(MSTP) 支持 802.3ad(动态链路聚合)、静态端口聚合和跨板链路聚合
IPv4	支持路由接口和路由子接口 支持静态路由、RIP、OSPF、IS-IS、BGP4 等 支持等价路由 支持策略路由 支持路由策略 支持 GRE、IPv4 in IPv4 等隧道功能
IPv6	支持 IPv4 和 IPv6 双协议栈 支持 IPv6 静态路由、RIPng、OSPFv3、IS-ISv6、BGP4+ 支持 VRRPv3 支持 ND、PMTUD 支持 Pingv6、Telnetv6、FTPv6、TFTPv6、DNSv6、ICMPv6 支持 IPv4 向 IPv6 的过渡技术，包括：IPv6 手工隧道、6to4 隧道、ISATAP 隧道、GRE 隧道、IPv4 兼容自动配置隧道 支持等价路由 支持策略路由 支持路由策略
组播	支持 PIM-DM、PIM-SM、PIM-SSM、MSDP、MBGP、Any-RP 等路由协议 支持 IGMP V1/V2/V3、IGMP V1/V2/V3 Snooping 支持 PIM6-DM、PIM6-SM、PIM6-SSM 支持 MLD(Multicast Listener Discovery) V1/V2、MLD V1/V2 Snooping 支持组播策略和组播 QoS 支持组播 ARP 支持双向 PIM

产品型号	S9508E
MPLS VPN	支持 P/PE 功能，符合 RFC2547bis 协议 支持三种跨域 MPLS VPN 方式(Option1/Option2/Option3) 支持分层 PE 支持多角色主机 支持 VLL，实现点到点的二层 MPLS VPN 功能， 支持 VPLS/H-VPLS，实现点到多点的二层 MPLS VPN 功能 支持分布式组播 VPN 支持 6PE、6VPE
ACL	支持标准和扩展 ACL 支持 Ingress/Egress ACL 支持 VLAN ACL 支持全局 ACL
QoS	支持 Diff-Serv QoS 支持 SP/SDWRR 等队列调度机制 支持精细化的流量监管，粒度可达 1Kb/s 支持流量整形 支持拥塞避免 支持优先级标记 Mark/Remark 支持 802.1p、TOS、DSCP、EXP 优先级映射 支持 VOQ
可靠性	专用的 FFDR 监测引擎、关键部件交换路由处理板和电源均支持 1＋1 冗余备份、背板采用无源设计，避免单点故障、各组件均支持热插拔功能 支持各种配置数据在主备主控板上实时热备份 支持热补丁功能，可在线进行补丁升级 支持 NSF/GR for OSFP/BGP/IS-IS/LDP/RSVP 等 支持 NSR for OSFP/BGP/IS-IS 等 支持端口聚合 支持链路跨板聚合 支持 BFD for VRRP/BGP/IS-IS/OSPF/RSVP/静态路由等，实现各协议的快速故障检测机制，故障检测时间小于 50ms 支持 IP FRR、TE FRR，业务切换时间小于 50ms
安全性	支持用户分级管理和口令保护 支持 SSHv2，为用户登录提供安全加密通道 支持可控 IP 地址的 FTP 登录和口令机制 支持标准和扩展 ACL，可以对报文进行过滤，防止网络攻击 支持防止 ARP、未知组播报文、广播报文、未知单播报文、本机网段路由扫描报文、TTL=1 报文、协议报文等攻击功能

产品型号	S9508E
安全性	支持 MAC 地址限制、IP＋MAC 绑定功能 支持 uRPF 技术，防止基于源地址欺骗的网络攻击行为 支持 ND 防攻击 支持 Portal 认证 支持 Radius 支持 VRRP、OSPF、RIPv2 及 BGP4 报文的明文及 MD5 密文认证 支持安全网管 SNMPv3、SSHv2 支持广播报文抑制 支持主备数据备份机制 支持防火墙、IPS 等安全插卡
NAT	支持多块 NAT 单板负载分担 支持 NAT、NAPT 支持 NAT/NAPT 多实例 支持双向 NAT 和两次 NAT 支持 NAT 日志功能 支持黑名单功能 支持内部服务器 支持应用层网关 ALG
网络流量分析	支持 sFlow/Netstream 支持 V5/V8/V9 分析报文格式 支持多目的主机功能
无线控制模块	支持 802.3 局域网协议 支持 802.11 局域网协议 支持 CAPWAP 协议 支持 IP 路由、组播 支持丰富的安全认证、AAA、802.11 安全和加密、WIDS/WIPS 等 支持 AP 功率自动调整 支持信道自动切换 支持 AP 负载分担 支持丰富的 QoS 功能
系统管理	支持 Console/AUX Modem/Telnet/SSH2.0 命令行配置 支持 FTP、TFTP、Xmodem、SFTP 文件上下载管理 支持 SNMP V1/V2c/V3 支持 RMON 支持 1、2、3、9 组 支持 NTP 时钟 支持 NQA(Network Quality Analyzer) 支持故障后报警和自恢复 支持系统工作日志

产品型号	S9508E
电源要求	DC：输入电压：-48V～-60V AC：输入电压：100V～240V 最大输出功率：3500W
环境温度	运行环境温度：0℃～45℃ 存储环境温度：-40℃～70℃
环境湿度	运行环境湿度：5%～95%(非凝结) 存储环境湿度：5%～95%(非凝结)

3．汇聚层交换机设备选型

汇聚层的交换机主要选用三层交换机。在全网络的设计上体现了分布式路由思想，可以大大减轻核心交换机的路由压力，有效地进行路由流量的均衡。作为本地网络的逻辑核心，对于突发流量大、控制要求高、需要对 QoS 有良好支持的应用，因此在该项目中采用 H3C S5500-EI 作为楼宇汇聚交换机。

H3C S5500-EI 系列交换机是 H3C 公司最新开发的增强型 IPv6 强三层万兆以太网交换机产品，具备业界盒式交换机最先进的硬件处理能力和最丰富的业务特性。支持最多 4 个万兆扩展接口；支持 IPv4/IPv6 硬件双栈及线速转发，使客户能够从容应对即将带来的 IPv6 时代。H3C S5500-EI 交换机主要技术参数见表 5-4。

表 5-4　汇聚层交换机设备主要技术参数

产品型号	S5500 -EI
背板交换容量	256Gb/s
交换容量 (全双工)	240Gb/s
包转发率(整机)	132Mp/s
外形尺寸(长×宽×高)	440×420×43.6
重量	6.5kg
管理端口	1 个 Console 口
业务端口描述	48 个 10/100/1000Base-T 以太网端口 4 个复用的 1000Base-X 千兆 SFP 端口
扩展插槽	2 个扩展插槽
可选接口模块	单端口 10GE XFP 接口模块、两端口 10GE XFP 接口模块、两端口 10GE CX4 接口模块、两端口 SFP 接口模块、两端口 SFP＋接口模块
以太网供电 PoE	支持
端口聚合	支持 LACP 支持手工聚合 支持最多 14/26 个聚合组，每组支持最多 8 个 GE 或 4 个 10GE 端口
端口特性	支持 IEEE802.3x 流量控制(全双工) 支持基于端口速率百分比的风暴抑制 支持基于 PPS 的风暴抑制

产品型号	S5500 -EI
MAC 地址表	支持 32K 个 MAC 地址 支持黑洞 MAC 地址 支持设置端口 MAC 地址学习最大个数
VLAN	支持基于端口的 VLAN(4K 个) 支持基于 MAC 的 VLAN、基于协议的 VLAN、基于 IP 子网的 VLAN 支持 QinQ，灵活 QinQ 支持 VLAN Mapping 支持 Voice VLAN 支持 GVRP
二层环网协议	支持 STP/RSTP/MSTP 支持 RRPP
DHCP	DHCP Client、DHCP Snooping、DHCP Relay、DHCP Server DHCP Snooping option82/DHCP Relay option82
IRF2 智能弹性架构	支持 IRF2 智能弹性架构 支持分布式设备管理，分布式链路聚合，分布式弹性路由 支持通过标准以太网接口进行堆叠 支持本地堆叠和远程堆叠
IP 路由	支持静态路由 支持 RIPv1/v2，RIPng 支持 OSPFv1/v2，OSPFv3 支持 BGP4，BGP4+ for IPv6 支持等价路由，策略路由 支持 VRRP/VRRPv3
MCE	支持
IPv6	支持 ND(Neighbor Discovery) 支持 PMTU 支持 IPv6-Ping，IPv6-Tracert，IPv6-Telnet，IPv6-TFTP 支持手动配置 Tunnel 支持 6to4 tunnel 支持 ISATAP tunnel
组播	支持 IGMP Snooping v1/v2/v3，MLD Snooping v1/v2 支持组播 VLAN 支持 IGMP v1/v2/v3，MLD v1/v2 支持 PIM-DM，PIM-SM，PIM-SSM 支持 MSDP，MSDP for IPv6 支持 MBGP，MBGP for IPv6

产品型号		S5500 -EI
镜像		支持流镜像
		支持 N:4 端口镜像
		支持本地和远程端口镜像
QoS/ACL	支持 ACL	支持 L2(Layer 2)～L4(Layer 4)包过滤功能，提供基于源 MAC 地址、目的 MAC 地址、源 IP(IPv4/IPv6)地址、目的 IP(IPv4/IPv6)地址、TCP/UDP 端口号、VLAN 的流分类
		支持时间段(Time Range)ACL
		支持入方向和出方向的双向 ACL 策略
		支持基于 VLAN 下发 ACL
	支持 QoS	支持对端口接收报文的速率和发送报文的速率进行限制
		支持报文重定向支持 CAR(Committed Access Rate)功能、每个端口支持 8 个输出队列
		支持灵活的队列调度算法，可以同时基于端口和队列进行设置
		支持 SP、WRR、SP+WRR 三种模式
		支持报文的 802.1p 和 DSCP 优先级重新标记
安全特性		支持用户分级管理和口令保护
		支持 802.1X 认证/集中式 MAC 地址认证
		支持 Guest VLAN
		支持 RADIUS 认证
		支持 SSH 2.0
		支持端口隔离
		支持端口安全
		支持 PORTAL 认证
		支持 EAD
		可支持 DHCP Snooping，防止欺骗的 DHCP 服务器
		支持动态 ARP 检测，防止中间人攻击和 ARP 拒绝服务
		支持 BPDU guard、Root guard
		支持 uRPF(单播反向路径检测)，杜绝 IP 源地址欺骗，防范病毒和攻击
		支持 IP/Port/MAC 的绑定功能
		支持 OSPF、RIPv2 报文的明文及 MD5 密文认证

4．接入层交换机设备选型

H3C E152/126A 教育网交换机是 H3C 公司为满足教育行业构建高安全、高智能网络需求而专门设计的新一代以太网交换机产品，在满足校园网高性能、高密度的接入的基础上，提供更全面的安全接入策略和更强的网络管理维护易用性，是理想的校园网接入层交换机，具体技术参数见表 5-5。

表 5-5　接入层交换机设备主要技术参数

产品型号		H3C E126A	H3C E152
线速二层交换	交换容量	所有端口支持线速转发 19.2Gb/s	
	包转发率	6.55Mp/s	13.2Mp/s
交换模式		存储转发模式(Store and Forward)	
端口特性		支持 IEEE 802.3x 流控(全双工) 支持基于端口带宽百分比的广播风暴抑制	
端口汇聚		支持 LACP 支持手工汇聚 支持最大 13/8 个聚合组，每个聚合组支持 8 个端口汇聚	
MAC 地址		支持黑洞 MAC 支持设置端口最大 MAC 地址学习	
VLAN		支持基于端口的 VLAN(4K 个) 支持 VLAN VPN(QinQ) 支持 GVRP	
DHCP		支持 DHCP client 支持 DHCP Snooping 支持 DHCP Snooping trust 支持 DHCP Snooping option 82	
二层环网协议		支持 STP/RSTP/MSTP 支持 Smart Link	
堆叠		最大支持 16 台设备堆叠	
组播		IGMP v1/v2/v3 Snooping	
端口镜像		支持 N:1 端口镜像 支持 RSPAN(Remote Switched Port Analyzer，远程交换端口分析)	
QoS/ACL	支持 ACL	支持 L2(Layer 2)~L4(Layer 4)包过滤功能，可以匹配报文前 80 个字节，提供基于源 MAC 地址、目的 MAC、源 IP 地址、目的 IP 地址、IP 协议类型、TCP/UDP 端口、TCP/UDP 端口范围、VLAN 等定义 ACL 支持基于时间段(Time Range)的 ACL 支持基于端口组、全局、VLAN 批量下发 ACL	
	支持 QoS	每个端口支持 4 个输出队列	每个端口支持 8 个输出队列
		支持 802.1p/SCP 优先级 支持基于端口队列调度(SP、WRR、SP+WRR) 支持基于流的重定向 支持基于流的流限速 支持基于流的包过滤 支持基于流的优先级重标记 支持基于流的镜像 支持 QoS profile 管理方式，允许用户定制 QoS 服务方案	

结合学校的业务需求及接入信息点冗余考虑，需采购的主要网络设备清单见表5-6。

表 5-6　主要设备清单

设备名称	型号	数量	参考价格(万)	备注
防火墙	H3C SecPath F5000-A5	1	61	
核心交换机	H3C S9508E	2	42	
汇聚层交换机	H3C-S5500-28C-EI	15	2.1	
接入层交换机	H3C E152/126A	97	0.5	
无线控制器	H3C WX5004	1	10	
室内 AP	H3C WA2200	90	0.45	
户外 AP	H3C WA1208E-AGP	30	0.9	

5.2.4　实施进度计划

学校网络工程的整个完成时间计划约为23天，网络设备配置进度安排见表5-7。在工程施工过程中，将严格按照网络规划进行实施，在网络设备的安装与调试过程中，局部采取边施工边测试的原则，防止出现其他网络问题的发生。

表 5-7　进度安排表

时间进度 工程进度	2	4	6	8	10	12	14	16	18	20	21	22	23
入场、核实现场数据	■												
设备、材料入场		■											
设备安装与配置		■	■	■									
设备调式搭建					■	■	■	■					
工程文档	■	■	■	■	■	■	■	■	■	■			
培训										■	■	■	
工程验收													■

5.2.5　网络设备连接

在设计网络系统设备的连接时，需要考虑的方面比较多，如网络设备的主要作用，所处位置所支持的连接方式、连接规则，以及各种传输介质的长度限制等。主要网络设备连接列表见表5-8。

表 5-8　网络主要设备连接列表

楼层	汇聚层设备	上联(核心设备)	下联(接入层设备)
综合楼	RG-S6806E H3C-5500-28C-EI	H3C_9508E(interface GigabitEthernet(3/0/1-6)	H3C E152(interface gigabitEthernet 1/1/1)
科技楼	H3C-5500-28C-EI		H3C E152(interface gigabitEthernet 1/1/1)
教工楼 E	H3C-5500-28C-EI		
教工楼 F	H3C-5500-28C-EI		H3C E126A(interface gigabitEthernet 1/1/1)
教学楼	H3C-5500-28C-EI		

楼层	汇聚层设备	上联(核心设备)	下联(接入层设备)
图书馆	H3C-5500-28C-EI	H3C_9508E(interface GigabitEthernet 3/0/7)	H3C E152A(interface gigabitEthernet 1/1/1)
艺术馆		H3C_9508E(interface GigabitEthernet 3/0/8)	H3C E126A(interface gigabitEthernet 1/1/1)
实训基地	H3C-5500-28C-EI	H3C_9508E(interface GigabitEthernet 3/0/9)	RG-2352G(interface gigabitEthernet 1/1)
服务区	H3C-5500-28C-EI	H3C_9508E(interface GigabitEthernet 3/0/10)	网络服务器
计费网关	直连	H3C_9508E(interface GigabitEthernet 3/0/15-16)	
无线控制网关			

对于网络设备连接上应严格按照网络施工要求进行连接，并详细标注连接位置，以便工程验收与后期维护。

5.2.6　内部局域网组建

内部局域网组建是学校网络建设的重要组成部分，根据网络规划方案，学校核心网络由两台十万兆 H3C_9508E 组成，通过多模及单模光纤下连各个办公、教学楼栋汇聚层交换机H3C-5500-28C-EI 或 RG-S6806E，接入层交换机 H3C E152/126A 通过光纤跳线或超五类线缆与汇聚层交换机相连，接入层交换机在于各个网络终端相连。而教师与学生宿舍区终端则通过 EPON 技术接入核心网络。

1．核心层交换机配置

学校网络核心设备主要承担网络的路由以实现高速转发，根据业务需求对学校核心交换机进行相应的 VLAN 配置、端口聚合、VRRP、MSTP 配置、DHCP Service、路由配置等，保证主干网络畅通。主要完成的配置如下：

(1) 对核心交换机进行规范命名。

(2) 在核心交换机上配置相应的业务与管理 VLAN。

(3) 配置由 OLT 透传上来的各个业务 VLAN 接口 IP 地址作为接入终端的网关。

(4) 配置 DHCP 服务以实现对终端(教师及学生宿舍区域)分配相关终端信息。

(5) 配置聚合端口、VRRP、MSTP 生成树协议、默认路由、路由协议等。

核心层交换机 H3C_9508E-A 关键配置清单如下：

```
version 5.20, Release 1233P01
sysname H3C_9508E-A
domain default enable system
router id 1.1.1.1
telnet server enable
xbar load-balance
mirroring-group 1 local
mirroring-group 2 local
```

```
#
stp enable
stp priority 0
stp root primary
vrrp ping-enable
#
forward-path check enable
#
acl number 2200
 rule 0 permit source 222.17.240.64 0.0.0.63
 rule 25 permit source 222.17.254.6 0
 rule 30 permit source 222.17.240.249 0
#
Vlan 1
#
Vlan 2 to 10
 description XueXiao_HuiJu_VLAN
#(相似配置,此处省略……)
 Vlan 100 to 999
 description down_link_to_chinanet_ZTEC220_OLT
#
domain system
 access-limit disable
 state active
 idle-cut disable
 self-service-url disable
#
dhcp server ip-pool std1
 network 10.0.0.0 mask 255.255.252.0
 gateway-list 10.0.3.254
 dns-list 202.100.192.68 202.100.199.8
 expired day 0 hour 2
#(相似配置,此处省略……)
interface Vlan-interface10
 ip address 172.16.0.2 255.255.255.0
 vrrp vrid 2 virtual-ip 172.16.0.1
 vrrp vrid 2 priority 120
 vrrp vrid 2 track Vlan-interface10 reduced 30
#
interface Vlan-interface2
```

```
 description ZongHeLou_VLAN
 ip address 172.16.2.1 255.255.255.0
 #(相似配置，此处省略……)
 interface Vlan-interface18
 description JiaoShiXiaoQu_1_VLAN
 ip address 222.17.251.254 255.255.255.0
 proxy-arp enable
 #
interface Vlan-interface19
 description JiaoShiXiaoQu_3_VLAN
 ip address 222.17.252.254 255.255.255.0
 proxy-arp enable
 #(相似配置，此处省略……)
interface GigabitEthernet2/0/1
 description down_link_to_chinanet_ZTEC220_OLT
 port link-type hybrid
 port hybrid Vlan 100 to 999 tagged
 port hybrid Vlan 1 untagged
 speed 1000
 duplex full
 #(相似配置，此处省略……)
 interface GigabitEthernet3/0/1
 description up_link_JF_gateway1
 port access Vlan 14
 mirroring-group 1 mirroring-port both
 #(相似配置，此处省略……)
interface GigabitEthernet3/0/13
 description up_link_to_FireWall
 port access Vlan 11
 #
interface GigabitEthernet3/0/16
 description up_link_to_Wlan_AC_
 port access Vlan 12
 #(相似配置，此处省略……)
 interface GigabitEthernet3/0/22
 description monitor_port
 mirroring-group 2 monitor-port
 #
 interface GigabitEthernet3/0/23
 description monitor_port
```

```
mirroring-group 1 monitor-port
#
interface GigabitEthernet3/0/24
#
interface M-Ethernet0/0/0
#
ospf 1
 area 0.0.0.0
 network 172.16.2.0 0.0.0.255
 network 172.16.3.0 0.0.0.255
 network 172.16.4.0 0.0.0.255
 network 172.16.5.0 0.0.0.255
 network 172.16.6.0 0.0.0.255
 network 172.16.7.0 0.0.0.255
 network 172.16.8.0 0.0.0.255
 network 172.16.9.0 0.0.0.255
 network 172.16.10.0 0.0.0.255
 network 172.16.14.0 0.0.0.255
 network 222.17.252.0 0.0.3.255
 network 10.0.0.0 0.0.255.255
#
nqa entry imcl2topo ping
   type icmp-echo
  destination ip 172.16.2.254
  frequency 270000
#
ip route-static 0.0.0.0 0.0.0.0 172.16.14.2
ip route-static 10.10.0.0 255.255.240.0 172.16.12.2
ip route-static 192.168.48.0 255.255.255.0 172.16.12.2
ip route-static 202.100.192.68 255.255.255.255 172.16.11.1
#(此处省略……)
dhcp server forbidden-ip 222.17.254.2 222.17.254.6
dhcp server forbidden-ip 172.16.12.230 172.16.12.254
#
dhcp enable
#
nqa schedule imcl2topo ping start-time now lifetime 630720000
#
arp source-suppression enable
arp source-suppression limit 6
```

```
arp anti-attack source-mac filter
arp anti-attack source-mac threshold 30
#
user-interface con 1
user-interface aux 1
user-interface vty 0 4
 acl 2200 inbound
 set authentication password cipher $V%'B6233T3Q=^Q`MAF4<1!!
#
return
[H3C_9508E-A]
```

2. 汇聚层交换机配置

学校网络汇聚层交换机主要承担区域网络的路由以及 DHCP Service 等功能，根据业务需求对学校汇聚层交换机进行相应的 VLAN 配置、DHCP Service、路由配置等，保证主干网络畅通。主要完成的配置如下：

(1) 对汇聚层交换机进行规范命名。

(2) 在汇聚层交换机上配置相应的业务与管理 VLAN。

(3) 配置 DHCP 服务以实现对终端分配相关终端信息。

(4) 配置 MSTP 生成树协议、路由协议等。

综合楼汇聚层交换机配置清单如下：

```
sysname ZHL-1F-S5500E
domain default enable system
telnet server enable
ip ttl-expires enable
 ip unreachables enable
lldp enable
#
switch-mode standard
switch-mode normal slot 2
switch-mode normal slot 3
#
Vlan 1
#
Vlan 100
 description Office_VLAN
#(相似配置，此处省略……)
 Vlan 104
 description XueShengJiFang-112
#
domain system
```

```
 access-limit disable
 state active
 idle-cut disable
 self-service-url disable
#
dhcp server ip-pool 100
 network 222.17.246.0 mask 255.255.255.0
 gateway-list 222.17.246.1
 dns-list 202.100.192.68 202.100.199.8
 expired day 3
#(相似配置，此处省略……)
dhcp server ip-pool 104
 network 172.16.4.0 mask 255.255.255.0
 gateway-list 172.16.4.1
 dns-list 202.100.192.68 202.100.199.8
 expired day 3
#
user-group system
#
local-user h3c
 password cipher &*"T，!.R^CCQ=^Q`MAF4<1!!
 authorization-attribute level 3
 service-type telnet terminal
#
 stp instance 0 root primary
 stp enable
 stp tc-protection threshold 10
#
interface NULL0
#
interface Vlan-interface10
 description Mgmt-Vlan
 ip address 172.16.255.1 255.255.255.0
#(相似配置，此处省略……)
interface GigabitEthernet2/0/1
 port link-mode route
 description To-[XXXXX]-G0/1
 ip address 172.16.254.6 255.255.255.252
#
interface GigabitEthernet2/0/2
```

```
 port link-mode bridge
 description To-[LSW-ZongHeLou*1F-WX3024]-G1/0/1
 port link-type trunk
 undo port trunk permit Vlan 1
 port trunk permit Vlan 10 100
#(相似配置，此处省略……)
interface GigabitEthernet2/0/13
 port link-mode bridge
 port access Vlan 100
#
interface GigabitEthernet2/0/14
 port link-mode bridge
 port access Vlan 100
#(相似配置，此处省略……)
 interface GigabitEthernet3/0/6
 port link-mode bridge
 description To-[BS-JiaoShiGongYu-S3600]-GE1/1/1
 port link-type trunk
 undo port trunk permit Vlan 1
 port trunk permit Vlan 10 106 116
#
interface GigabitEthernet3/0/7
 port link-mode bridge
#(相似配置，此处省略……)
 nqa entry imcl2topo ping
 type icmp-echo
  destination ip 172.16.255.254
  frequency 270000
 #
 ip route-static 0.0.0.0 0.0.0.0 172.16.254.5
 #(此处省略……)
 dhcp server forbidden-ip 172.16.255.1 172.16.255.100
 dhcp server forbidden-ip 172.16.0.200 172.16.0.254
 dhcp server forbidden-ip 172.16.1.200 172.16.1.254
#
 dhcp enable
#
 nqa schedule imcl2topo ping start-time now lifetime 630720000
#
 load xml-configuration
```

```
#
user-interface aux 0
user-interface vty 0 4
authentication-mode scheme
user-interface vty 5 15
 #
[return]
```
教学楼汇聚层交换机关键配置清单如下：
```
sysname AS-ZongHeLou*6F-S5500-1
loopback-detection enable
radius scheme system
domain system
 #(此处省略……)
 Vlan 100
 description Office_VLAN
#
interface Vlan-interface10
 ip address 172.16.255.21 255.255.255.0
#LOCCFG. MUST NOT DELETE
#
interface Aux1/0/0
#
interface Ethernet1/0/1
 poe enable
 port access Vlan 10
 loopback-detection enable
#(相似配置，此处省略……)
interface GigabitEthernet1/1/1
 port link-type trunk
 port trunk permit Vlan all
#
interface GigabitEthernet1/1/2
 port link-type trunk
 port trunk permit Vlan all
 shutdown
#TOPOLOGYCFG. MUST NOT DELETE
#GLBCFG. MUST NOT DELETE
#
interface NULL0
#
```

```
hwping-agent enable
hwping imcl2topo ping
 test-type icmp
 destination-ip 172.16.255.254
 frequency 270
 test-time begin now lifetime 630720000
 #
 ip route-static 0.0.0.0 0.0.0.0 172.16.255.1 preference 60
# (此处省略……)
 user-interface aux 0
 user-interface vty 0 4
 authentication-mode scheme
 #
[return]
```

3. 接入层交换机配置

根据用户需求，接入层交换机的配置任务主要完成以下几点：

(1) 对接入层交换机进行规范命名；

(2) 接入层交换机配置业务 VLAN 并进行相应端口划分，并配置管理 VLAN；

(3) 对接入端口分别进行广播风暴控制、安全访问控制等；

(4) 配置业务 VLAN 向上穿透端口，配置上行聚合端口；

(5) 在配置过程中对学校设备进行登记统计。

综合楼接入层交换机关键配置清单如下：

```
sysname AS-ZongHeLou*6F#
loopback-detection enable
radius scheme system
domain system
# (此处省略……)
Vlan 100
description Office_VLAN
#
interface Vlan-interface10
ip address 172.16.255.21 255.255.255.0
#LOCCFG. MUST NOT DELETE
#
interface Aux1/0/0
#
interface Ethernet1/0/1
poe enable
port access Vlan 10
loopback-detection enable
```

```
#(相似配置，此处省略……)
interface GigabitEthernet1/1/1
port link-type trunk
port trunk permit Vlan all
#(此处省略……)
interface NULL0
#
hwping-agent enable
hwping imcl2topo ping
test-type icmp
destination-ip 172.16.255.254
frequency 270
test-time begin now lifetime 630720000
#
ip route-static 0.0.0.0 0.0.0.0 172.16.255.1 preference 60
#(此处省略……)
user-interface aux 0
user-interface vty 0 4
authentication-mode scheme
#
return
```

5.2.7　无线网络组建

根据学校应用需求，本项目网络建设中将实现无线校园网的全覆盖，这不仅有利于学校教学、科研的快速发展，它还能使广大教师和学生利用计算机网络环境进行教学，开展科研活动，进而提高学校的教学质量和科研水平，面向未来的高素质人才提供有力的保障。

根据网络设计方案，在本项目中将采用集中控制型设备进行组网。集中控制型设备组网就是由用户终端通过无线终端接入AP，再由AP接入访问控制器AC，最后由AC分别接入认证服务器和Internet。在本项目中采用的AP均为瘦AP，由AC统一管理，并且终端用户统一由AC分配IP地址。无线设备分别采用室内覆盖型和室外覆盖型两大类，其中室内覆盖型采用中兴通信无线局域网系列产品中的桥接型室内无线接入点W815为运营级室内型500mwAP，室外覆盖型拟采用高功率500mW室外型设备，外加室外定向天线。单AP设计支持同时并发用户数为15～30个。设计覆盖范围为：室内覆盖型覆盖半径15m～20m，室外覆盖型覆盖半径200m～300m。

1．无线网络配置

由于采用瘦AP工作模式，因此无线网络的配置将集中在AC控制器的配置及网关配置。
学校AC控制关键配置如下：

```
[H3C_WX5004_AC]
radio enable
#
```

```
    wlan ap ap_zhl_13_4 model WA2100 id 100
    serial-id 210235A22WB09C000452
    radio 1
    radio-policy 25601
    service-template 1
    service-template 2
    service-template 3
    radio enable
  #
    wlan ap ap_zhl_1_4 model WA2100 id 49
    serial-id 210235A22WB09C000423
    radio 1
    radio-policy 12545
    service-template 1
    service-template 2
    service-template 3
    radio enable
  #
  wlan load-balance-group 1
   description std1/2
   ap ap_2_4_1 radio 1
   ap ap_2_2_2 radio 1
   ap ap_2_2_1 radio 1
   ap ap_2_1_2 radio 1
   ap ap_2_1_1 radio 1
   ap ap_1_4_1 radio 1
   ap ap_1_2_2 radio 1
   ap ap_1_2_1 radio 1
   ap ap_1_1_2 radio 1
   ap ap_1_1_1 radio 1
  # (相似配置, 此处省略……)
  ip route-static 0.0.0.0 0.0.0.0 172.16.12.1
   ip route-static 59.49.146.17 255.255.255.255 172.16.13.1
   ip route-static 59.50.113.78 255.255.255.255 172.16.13.1
   ip route-static 59.50.115.0 255.255.255.0 172.16.13.1
   ip route-static 59.50.115.7 255.255.255.255 172.16.13.1
   ip route-static 59.50.115.66 255.255.255.255 172.16.13.1
  #
  dhcp server forbidden-ip 10.10.1.1 10.10.1.10
  #
```

```
 dhcp enable
#
 arp-snooping enable
#
 load xml-configuration
#
user-interface con 0
user-interface vty 0 4
 acl 2200 inbound
 authentication-mode scheme
 user privilege level 3
#
 return
```

2. 无线功能测试

利用带有Wifi设备检索WVLAN信号，并查看是否能成功获取到正确的IP地址，然后拨入认证服务器连接，看是否能成功连入互联网，如果成功，说明无线网络配置合理。

5.2.8　互联网接入

随着信息化快速发展，各高校间信息的流通、资源的共享日趋频繁。因此作为校园网络平台的"门户"——出口区域，承担着高校之间相互交流的窗口的重大作用。

该学校校园网出口是通过电信运营商的线路接入互联网，同时也接入教育网，形成多出口的网络架构。根据网络设计方案，学校利用SecPath F5000-A5防火墙实现局域网多出口接入互联网，因此SecPath F5000-A5防火墙需要完成相关接口地址、NAT、路由等配置。防火墙关键配置清单如下所示。

```
#
sysname H3C_F5000_A5
# (此处省略……)
acl number 2001
 rule 45 permit source 192.168.0.0 0.0.255.255
 rule 55 permit source 172.16.12.0 0.0.0.255
 rule 60 permit source 10.0.0.0 0.255.255.255
 rule 65 permit source 222.17.240.0 0.0.15.255
acl number 2002
 rule 0 permit source 192.168.0.0 0.0.255.255
 rule 5 permit source 10.0.0.0 0.255.255.255
 rule 10 permit source 172.16.12.0 0.0.0.255
acl number 2101
 rule 0 permit source 222.17.240.3 0
acl number 2102
 rule 0 permit source 222.17.244.0 0.0.0.63
```

```
acl number 2103
 rule 0 permit source 222.17.244.64 0.0.0.63
acl number 2200
 rule 5 permit source 222.17.240.64 0.0.0.63
 rule 10 permit source 222.17.240.249 0
 rule 15 permit source 59.49.146.17 0
 rule 20 permit source 202.100.196.42 0
 rule 25 permit source 192.18.42.0 0.0.0.15
#
acl number 3100
 rule 0 permit ip destination 10.0.0.0 0.255.255.255
 rule 5 permit ip destination 192.168.0.0 0.0.255.255
 rule 10 permit ip destination 172.16.0.0 0.0.255.255
 rule 15 permit ip destination 222.17.240.0 0.0.15.255
#(相似配置，此处省略……)
vlan 1
#
vlan 3 to 8
#(此处省略……)
#
user-group system
#
local-user admin
 password cipher Z>Ca<>ZIT;<F*RJ_#+Q/:Q!!
 authorization-attribute level 2
 service-type ssh telnet
local-user river
 password cipher <aT-B9F/@VJ/3:L02.;;!Q!!
 service-type ppp
local-user vpdnuser
 password cipher $V%'B6233T3Q=^Q`MAF4<1!!
 service-type ppp
#
ssl server-policy access-policy
 pki-domain default
#
l2tp-group 1
 undo tunnel authentication
 allow l2tp virtual-template 0
 tunnel name lns
```

```
#
interface Bridge-Aggregation1
port access vlan 10
link-aggregation mode dynamic
#
interface Aux0
async mode flow
link-protocol ppp
#(此处省略……)
interface Vlan-interface6
ip address 222.17.240.1 255.255.255.224
ip policy-based-route ccie
#
#(相似配置，此处省略……)
 nat outbound static
 nat outbound 2001 address-group 13
 nat server protocol tcp global 124.225.62.4 www inside 222.17.244.4 www
 nat server protocol tcp global 124.225.62.5 www inside 222.17.244.5 www
 nat server protocol tcp global 124.225.62.6 1701 inside 222.17.244.25 1701
 nat server protocol tcp global 124.225.62.6 88 inside 222.17.244.25 88
 nat server protocol tcp global 124.225.62.16 www inside 222.17.244.6 www
 nat server protocol tcp global 124.225.62.16 smtp inside 222.17.244.6 smtp
 nat server protocol tcp global 124.225.62.16 pop3 inside 222.17.244.6 pop3
(相似配置，此处省略……)
#
 interface GigabitEthernet2/0
 port link-mode route
ip address 172.16.11.1 255.255.255.0
#
interface GigabitEthernet2/1
port link-mode route
nat outbound 2002 address-group 15
duplex full
speed 100
ip address 210.37.29.22 255.255.255.252
#(相似配置，此处省略……)
interface GigabitEthernet2/8
port link-mode bridge
port link-type hybrid
port hybrid vlan 3 to 8 tagged
```

```
port hybrid vlan 1 untagged
combo enable fiber
#(相似配置，此处省略……)
interface GigabitEthernet2/11
port link-mode bridge
port access vlan 10
combo enable fiber
speed 1000
duplex full
port link-aggregation group 1
#
interface M-GigabitEthernet0/0
ip address 192.168.0.1 255.255.255.0
#
ospf 1
area 0.0.0.0
network 172.16.11.0 0.0.0.255
network 222.17.244.0 0.0.0.127
network 222.17.240.64 0.0.0.63
network 222.17.240.240 0.0.0.15
network 222.17.240.0 0.0.0.31
network 222.17.247.0 0.0.0.255
network 222.17.243.0 0.0.0.255
#(此处省略……)
policy-based-route ccie permit node 10
if-match acl 3100
apply ip-address next-hop 172.16.11.2
policy-based-route ccie permit node 20
if-match acl 2101
apply ip-address next-hop 210.37.29.21
#
 ip route-static 0.0.0.0 0.0.0.0 124.225.62.1 preference 80
 ip route-static 10.10.0.0 255.255.240.0 172.16.11.2
 ip route-static 192.168.54.0 255.255.254.0 172.16.11.2
 #(此处省略……)
 nqa schedule imcl2topo ping start-time now lifetime 630720000
 #
 nat static 172.16.13.2 124.225.62.30
 nat static 192.168.18.100 222.17.247.1
 #
```

```
ip https ssl-server-policy access-policy
ip https enable
#
load xml-configuration
#
user-interface con 0
user-interface aux 0
user-interface vty 0 4
acl 2200 inbound
authentication-mode scheme
#
return
```

5.2.9 项目验收

校园网络测试是该网络项目建设的最后一环，关系到整个网络项目的质量能否达到预期设计指标，因此要分项进行网络测试。首先对内部网络进行测试，其中要分别对接入层、汇聚层、核心层以及无线进行测试，然后对互联网的功能测试，如接入速度、安全防范、网络服务访问等。测试完成后向配置管理组提交完整的网络调试、配置、测试等报告。

5.3 新知识点

5.3.1 Super VLAN

Super VLAN 又称为 VLAN 聚合(VLAN Aggregation)，其原理是一个 Super VLAN 包含多个 Sub VLAN，每个 Sub VLAN 是一个广播域，不同 Sub VLAN 之间二层相互隔离。Super VLAN 可以配置三层接口，Sub VLAN 不能配置三层接口。 当 Sub VLAN 内的用户需要进行三层通信时，将使用 Super VLAN 三层接口的 IP 地址作为网关地址，这样多个 Sub VLAN 共用一个 IP 网段，从而节省了 IP 地址资源。

需要注意：但 Super VLAN 内不能加入物理端口，却可以创建对应的 VLAN 接口，在该 VLAN 接口下可以配置 IP 地址(这点有些特别，因为普通 VLAN 中是需要有至少一个活跃的端口才可以激活 VLAN 的)；Sub VLAN 可以加入物理端口，但不能创建对应的 VLAN 接口，所有 Sub VLAN 内的端口共用 Super VLAN 的 VLAN 接口 IP 地址作为默认网关。

下面以 H3C 的 S3526E 为例子显示如何配置 Super VLAN (Vlan2 作为 Super-Vlan，Vlan21、Vlan22、Vlan23 作为 Sub-Vlan)，配置如下。

```
[H3C]vlan 21  #在交换机上建立 Sub-Vlan#
[H3C-vlan21]vlan  22
[H3C-vlan22]vlan  23
[H3C-vlan23]vlan  2  #配置 Vlan 2#
[H3C-vlan2]supervlan  #在 Vlan 视图下，设置 Super-Vlan#
[H3C-vlan2]subvlan 21 to 23  #设置 Sub-Vlan 与 Super-Vlan 的映射关系#
```

5.3.2 EPON

EPON(Ethernet Passive Optical Network，以太网无源光网络)是一种基于光纤供传送网的长距离的以太网接入技术。EPON 采用点对多点架构，一根光纤承载上下行数据信号，经过 1：N 分光器将光信号等分成 N 路，以光分支覆盖多个接入点或接入用户。

EPON 由 IEEE802.3 定义了以太网的两种基本操作模式。第一种模式采用载波侦听多址接入/冲突检测(CSMA/CD)协议而应用在共享媒质上；第二种模式为各个站点采用全双工的点到点的链路通过交换机连接到一起。相应的，以太网 MAC 可以工作于这两种模式之一：CSMA/CD 模式或全双工模式。

一套典型的 EPON 系统由 OLT、ONU、ODN 组成。EPON 的网络结构如图 5-2 所示。

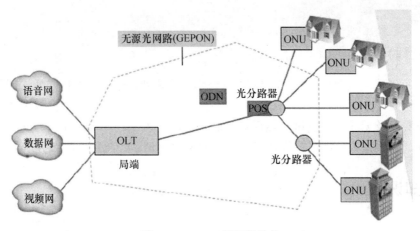

图 5-2　　EPON 的网络结构

OLT 放在中心机房，它可以看作是一个 L2 交换机或者 L3 路由交换机。在下行方向，OLT 提供面向无源光纤网络(ODN)的光纤接口；在上行方向，OLT 提供了 GE 光/电接口。

ODN 是光分发网，由无源光纤分支器和光纤构成。无源光纤分支器是连接 OLT 和 ONU 的无源设备，它的功能是分发下行数据和集中上行数据。

ONU 是放在用户驻地侧的终端设备，EPON 中的 ONU 采用以太网协议，实现了成本低廉的以太网第二层交换功能。由于使用以太网协议，在通信的过程中就不再需要协议转换，实现 ONU 对用户数据的透明传送。OLT 到 ONU 之间采用加密协议保证用户数据的安全性。

5.3.3 端口镜像

端口镜像(port Mirroring)就是把交换机一个或多个端口(Vlan)的数据镜像到一个或多个端口的方法。

端口镜像的好处：

由于网络管理需要监听网络流量，但在网络中实现监听所有流量有相当大的困难，因此需要通过配置交换机来把一个或多个端口的数据转发到某一个端口来以实现对网络的监听。

需要注意的是：一旦指定端口成为镜像端口后，该端口将不能再传输数据。

下面的例子显示如何配置交换机镜像端口：

(1) 假设 H3C S9508E 交换机镜像端口为 E1/0/15，被镜像端口为 E1/0/0，设置端口 1/0/15

为端口镜像的观测端口。

```
[S9508E] port monitor ethernet 1/0/15
```

(2) 设置端口 E1/0/0 为被镜像端口,对其输入输出数据都进行镜像。

```
[S9508E] port mirroring ethernet 1/0/0 both ethernet 1/0/15
```

也可以通过两个不同的端口,对输入和输出的数据分别镜像。

(3) 设置 E1/0/15 和 E2/0/0 为镜像(观测)端口。

```
[S9508E] port monitor ethernet 1/0/15
```

(4) 设置端口 E1/0/0 为被镜像端口,分别使用 E1/0/15 和 E2/0/0 对输入和输出数据进行镜像。

```
[S9508E] port mirroring gigabitethernet 1/0/0 ingress ethernet 1/0/15    /*输
入*/
[S9508E] port mirroring gigabitethernet 1/0/0 egress ethernet 2/0/0      /*输
出*/
```

5.3.4 MSTP+VRRP

下面的例子显示如何配置 MSTP+VRRP。

如图 5-3 所示,S9500-A、S9500-B 与两个二层交换机连接。如 S9500-A Vlan 2 的接口 IP 地址为 2.1.1.1,S9500-B 的 Vlan 2 的接口 IP 地址为 2.1.1.2,并且设置虚拟路由器地址为 2.1.1.3,而 PC 通过设置自己的默认网关地址为 2.1.1.3 就可以访问 Internet。

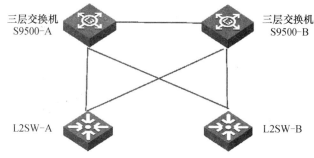

图 5-3　冗余组网图

该组网是 VRRP 的一个典型组网,两台三层换机 S9500-A 和 S9500-B 组成多组 VRRP 备份组,如虚拟地址为 2.1.1.3 下挂二层设备,通过虚拟网关 2.1.1.3 就可以访问 Internet。当 S9500-A 和 S9500-B 中有一台由于某种原因不能正常工作时,另一台可以马上切换过来,从而保证网络的不中断。

S9500-A 和 S9500-B 形成两个虚拟备份组,其中 Vlan 2 以 S9500-A 为 Master,S9500-B 为 Backup,Vlan3 以 S9500-B 为 Master,S9500-A 为 Backup;配置 S9500-A 监视 Vlan 8 的虚接口,当 Vlan 8 虚接口不可用时降低 Vlan 2 VRRP 组的优先级,使其成为 Backup;配置 S9500-B 监视 Vlan 9 的虚接口,当 Vlan 9 虚接口不可用时降低 Vlan 3 VRRP 组的优先级,使其成为 Backup。

配置 S9500-A 如下:

```
[S9500-A]stp enable
```

```
[S9500-A]stp non-flooding
[S9500-A]stp region-configuration
[S9500-A-mst-region]region-name vrrp
[S9500-A-mst-region]instance 2 Vlan 2
[S9500-A-mst-region]instance 3 Vlan 3
[S9500-A-mst-region]active region-configuration
[S9500-A-mst-region]quit
[S9500-A]stp instance 2 root primary
[S9500-A]stp instance 3 root secondary
[S9500-A]interface GigabitEthernet 3/1/1
[S9500-A-GigabitEthernet3/1/1]stp disable
```
创建VLAN并配置接口地址
```
system-view [S9500-A] Vlan 2
[S9500-A-Vlan2] interface Vlan-interface 2
[S9500-A-Vlan-interface2] ip address 2.1.1.1 8
[S9500-A-Vlan-interface2] quit
[S9500-A]Vlan 3 [S9500-A-Vlan3]interface Vlan 3
[S9500-A-Vlan-interface3] ip address 3.1.1.1 8
[S9500-A-Vlan-interface3] quit
[S9500-A] Vlan 8
[S9500-A-Vlan8] interface Vlan 8
[S9500-A-Vlan-interface8] ip address 8.1.1.1 8
[S9500-A-Vlan-interface8] quit
```
配置端口加入
```
VLAN [S9500-A] interface GigabitEthernet 3/1/1
[S9500-A-GigabitEthernet3/1/1] port access Vlan 8
[S9500-A-GigabitEthernet3/1/1] quit
[S9500-A] interface GigabitEthernet 2/1/1
[S9500-A-GigabitEthernet2/1/1] port link-type trunk
[S9500-A-GigabitEthernet2/1/1] undo port trunk permit Vlan 1
[S9500-A-GigabitEthernet2/1/1] port trunk permit Vlan 2 to 3
[S9500-A-GigabitEthernet2/1/1] quit
[S9500-A] interface GigabitEthernet 2/1/2
[S9500-A-GigabitEthernet2/1/2] port link-type trunk
[S9500-A-GigabitEthernet2/1/2] undo port trunk permit Vlan 1
[S9500-A-GigabitEthernet2/1/2] port trunk permit Vlan 2
[S9500-A-GigabitEthernet2/1/2] quit
[S9500-A] interface GigabitEthernet 2/1/3
[S9500-A-GigabitEthernet2/1/3] port link-type trunk
[S9500-A-GigabitEthernet2/1/3] undo port trunk permit Vlan 1
```

```
[S9500-A-GigabitEthernet2/1/3] port trunk permit Vlan 3
[S9500-A-GigabitEthernet2/1/3] quit
```
配置 VRRP 备份组
```
[S9500-A-Vlan-interface2] vrrp vrid 1 virtual-ip 2.1.1.3
[S9500-A-Vlan-interface2] interface Vlan 3
[S9500-A-Vlan-interface2] quit
[S9500-A] interface Vlan 3
[S9500-A-Vlan-interface3] vrrp vrid 1 virtual-ip 3.1.1.3
```
配置 VRRP 备份组的优先级和握手时间 (可选)
```
[S9500-A-Vlan-interface2] vrrp vrid 1 priority 130
[S9500-A-Vlan-interface2] vrrp vrid 1 timer advertise 2
```
配置监视接口，监视 VLAN 8 的虚接口
```
[S9500-A-Vlan-interface2] vrrp vrid 1 track Vlan-interface 8 reduced 40
```
S9500-B 交换机配置类似

配置 L2SW-A 如下：
```
[L2SW-A]iVlan 2
[L2SW-A]interface Ethernet 0/1
[L2SW-A-Ethernet0/1] port link-type trunk
[L2SW-A-Ethernet0/1] undo port trunk permit Vlan 1
[L2SW-A-Ethernet0/1] port trunk permit Vlan 2
[L2SW-A-Ethernet0/1] quit
[L2SW-A]interface Ethernet0/2
[L2SW-A-Ethernet0/2] port link-type trunk
[L2SW-A-Ethernet0/2] undo port trunk permit Vlan 1
[L2SW-A-Ethernet0/2] port trunk permit Vlan 2
[L2SW-A-Ethernet0/2] quit
[L2SW-A]interface Ethernet0/3
[L2SW-A-Ethernet0/3] port access Vlan 2
```
L2SW-B 配置类似。

5.4 校园 Web 服务及群集构建

1. 基于 Apache 与 Tomcat 整合的 Web 服务构建

随着数字化校园的建设，学校的办公自动化、宣传工作、教学管理、特色资源等都需要 Web 服务作为平台支撑。学校通过 Web 向广大师生提供优质的信息服务，从而提高师生对校园信息化的认可。由于本项目 Web 是通过 JSP 建站，因此介绍如何利用 tomcat+apache 整合发布一个动态的 JSP 站点。

发布一个 JSP 站点首先需要下载相关软件，步骤如下：

1) 下载

(1) 下载 Apache：本例选用 Apache2.0.55 版本，下载地址到 Apache 官方网站，

http://archive.apache.org/dist/httpd/binaries/win32/。本例下载 MSI 格式安装文件 apache_2.0.55-win32-x86-no_ssl.msi。

(2) 下载 JDK：本例采用 JDK1.5。

(3) 下载 Tomcat：本例选用 Tomcat5.5.9 版本，下载地址到 Tomcat 官方网站，http://tomcat.apache.org/。

(4) 下载连接器 jakarta-tomcat-connectors，下载地址：http://tomcat.apache.org/。

全部下载后，如图 5-4 所示。

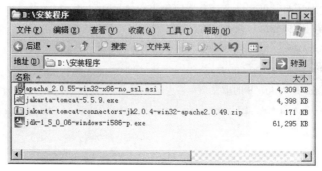

图 5-4　apache 安装包图

2) 安装

(1) 安装 Apache。

① 直接双击 Apache 安装文件 apache_2.0.55-win32-x86-no_ssl.msi 安装，安装过程中，需要写入主机信息，如图 5-5 所示。此外，选择 for All Users，on Port 80，as a Service –Recommended 选项。

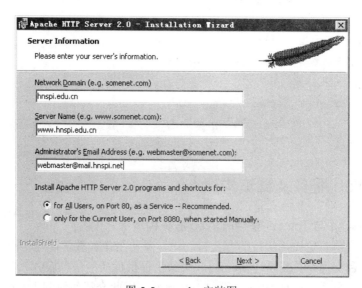

图 5-5　apache 安装图

② 选择安装路径，如图 5-6 所示。

③ 选择"Next"，安装完毕，如图 5-7 所示。

④ 如果有防火墙，设置防火墙，如图 5-8 所示。

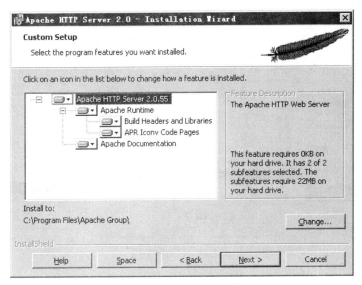

图 5-6 安装路径选择图

图 5-7 安装完成图

图 5-8 防火墙解除图

⑤ 安装后，启动 Apache Service Monitor 工具，如图 5-9 所示。

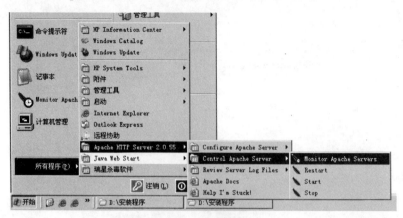

图 5-9 启动服务图

⑥ 打开 Apache Service Monitor 工具后，如图 5-10 所示，可以通过此工具直接启动、停止、重启 Apache 服务器。

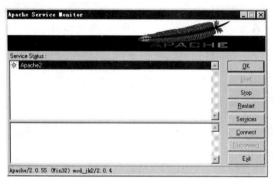

图 5-10 apache 启动状态图

⑦ 测试安装是否成功，在地址栏输入：http://127.0.0.1/，若显示如图 5-11 所示，则表示 Apache 安装成功。

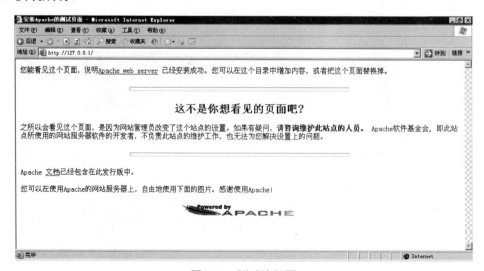

图 5-11 测试访问图

(2) 安装 JDK，直接运行 jdk-1_5_0_06-windows-i586-p.exe 安装。指定安装位置，如图 5-12 所示，本例安装于 C:/Program Files\Java\jdk1.5.0_06 目录下，记住此位置，在后边安装 Tomcat 时需要指定。

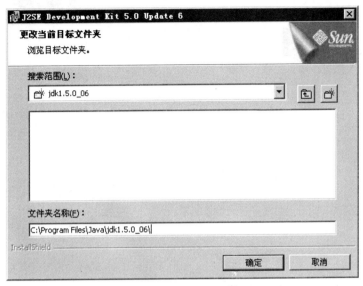

图 5-12 JDK 安装图

(3) 安装 Tomcat。

① 安装 Tomcat，选择 Tomcat 安装路径，如图 5-13 所示。

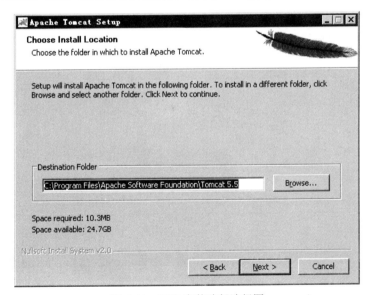

图 5-13 JDK 安装路径选择图

② 输入 Tomcat 的端口、后台管理账户与密码，如图 5-14 所示，一定要牢记账户密码，后面配置需要使用。

③ 选择 JDK 的安装路径，如图 5-15 所示。

④ 安装完毕后启动 Tomcat，如图 5-16 所示。

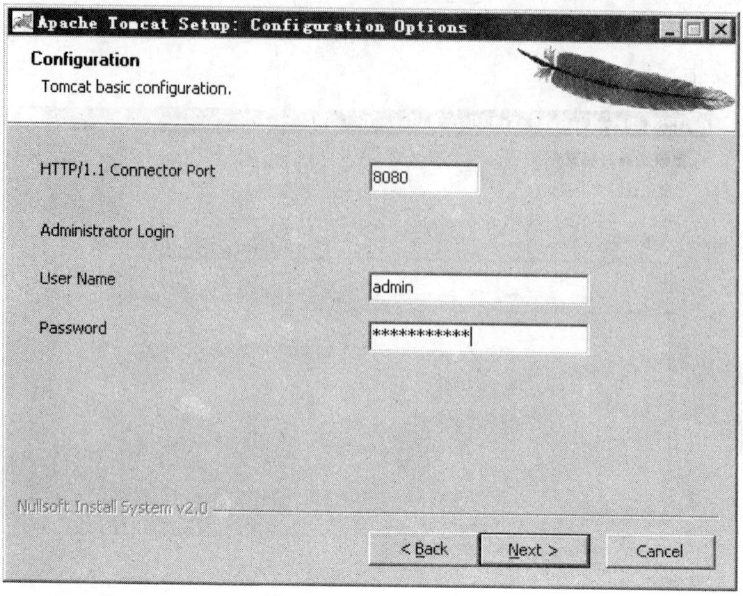

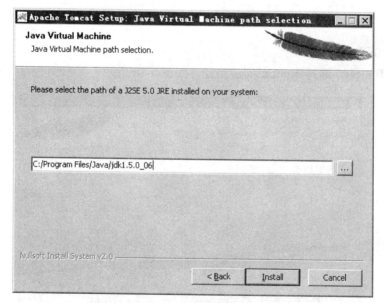

图 5-14　访问参数设置

图 5-15　选择 JDK

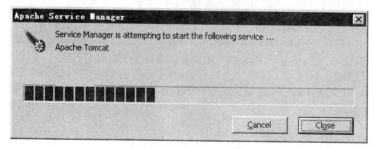

图 5-16　启动 Tomcat

⑤ 测试安装是否成功，在地址栏输入 http://127.0.0.1:8080/，此时，若出现图 5-17 所示页面则说明 Tomcat 安装通过。

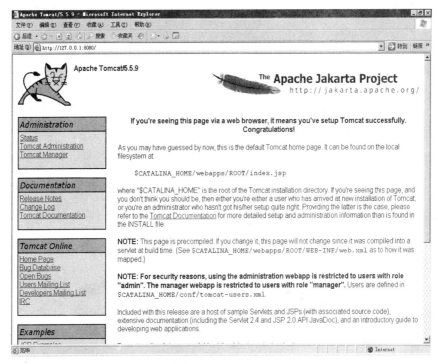

图 5-17　访问测试

3) 配置

(1) 配置 Apache 虚拟主机。

① 在 http.conf 最后加入一行 LoadModule jk2_module modules/mod_jk2.so。

② 配置 Apache 的虚拟主机：本例子计划配置的两个虚拟主机为 www.hnspi.edu.cn 和 bbs.hnspi.edu.cn，具体格式如下，请更改后加入你的 http.conf 文档中。参数说明：ServerAdmin 用来定义管理员 E-mail，用来在网站不能正常显示的时候显示，DocumentRoot 定义虚拟主机的根目录，ServerName 用来定义虚拟主机，ErrorLog 定义错误日志文件名，CustomLog 定义日志文件。

```
<VirtualHost *:80>

    ServerAdmin webmaster@mail.hnspi.net

    DocumentRoot C:/web

    ServerName www.hnspi.edu.cn

    ErrorLog logs/www.hnspi.edu.cn-error_log

    CustomLog logs/www.hnspi.edu.cn-access_log common

</VirtualHost>

<VirtualHost *:80>

    ServerAdmin webmaster@mail.hnspi.net

    DocumentRoot C:/bbs

    ServerName bbs.hnspi.edu.cn
```

```
    ErrorLog logs/bbs.hnspi.edu.cn-error_log
    CustomLog logs/bbs.hnspi.edu.cn-access_log common
</VirtualHost>
```

（2）重新启动 Apache。

测试 Apache 虚拟主机，在 c:/web 目录下新建 test.htm 文件，用记事本打开输入

```
Welcome to HaiNan SoftWare Profession Institute <br>
web:http://www.hnspi.net
```

保存。

在 C:/bbs 目录下新建 test.htm 文件，用记事本打开输入

```
Welcome to HaiNan SoftWare Profession Institute <br>
web:http://bbs.hnspi.edu.cn
```

保存。

在地址栏输入 http://www.hnspi.edu.cn/test.htm，若显示如图 5-18 所示页面；在地址栏输入 http://bbs.hnspi.edu.cn/test.htm，若显示如图 5-19 所示页面。则说明 Apache 虚拟主机配置完成。

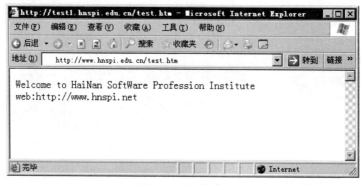

图 5-18　访问测试

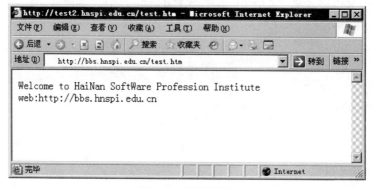

图 5-19　访问测试

（3）配置 Tomcat。

① 添加 admin 模块：配置 Tomcat 的虚拟主机，所有对于 Tomcat 的配置在本例中采用管理控制台来配置，在本例采用的 Tomcat5.5.9 版本中，默认是不带有管理控制台的，因此需要另外再下载，下载地址为 http://archive.apache.org/dist/tomcat/tomcat-5/archive/v5.5.9/bin/，选择

jakarta-tomcat-5.5.9-admin.zip 文件，下载后，解压，将 server/webapps/下的 admin 目录复制到 Tomcat 安装目录的 server/webapps/目录下，将 conf/Catalina/localhost 目录下的 admin.xml 文件复制到 Tomcat 安装目录的 conf/Catalina/localhost 目录下，然后重新启动 Tomcat。在地址栏中输入 http://127.0.0.1:8080/admin/ ，如果出现如图 5-20 所示界面说明 admin 管理控制台可以正常使用。

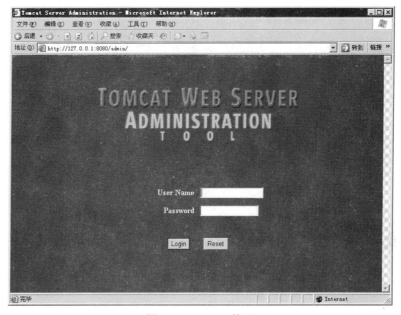

图 5-20　Tomcat 管理

② 配置 Tomcat 虚拟主机。在地址栏中输入 http://127.0.0.1:8080/admin/，输入安装时输入的用户名和密码，登入后如图 5-21 所示。

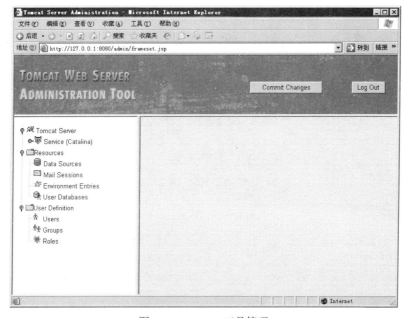

图 5-21　Tomcat 工具管理

然后点击 Service (Catalina)，出现如图 5-22 所示界面，然后选择 Create New Host 来创建主机。

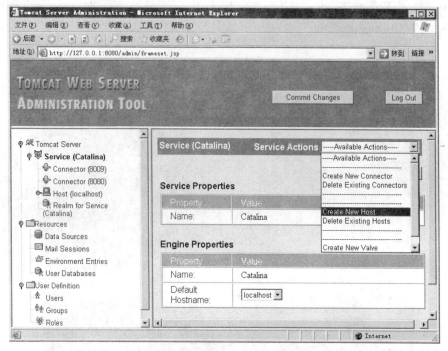

图 5-22　Tomcat 工具管理

③ 如图 5-23 所示，Name 填写虚拟主机的名称，本例填写 www.hnspi.edu.cn，Application Base：填写虚拟主机的根目录，本例中指向 C:/web 文件夹，设置好后，点击 Save 按钮保存。

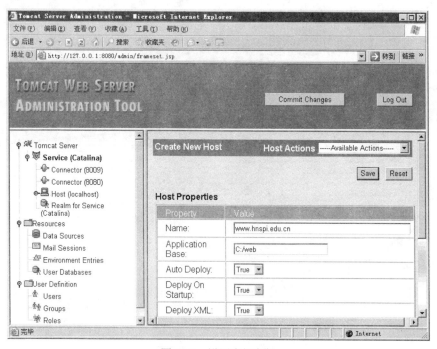

图 5-23　设置虚拟主机

④ 测试虚拟主机：在 C:/web 文件夹下新建一个 test.jsp 文件，输入内容：

```
<%out.println("Welcome to HaiNan SoftWare Profession Institute");
out.println("<br> web:http://www.hnspi.net");
```

%>后保存，在地址栏输入 http://www.hnspi.edu.cn:8080/test.jsp ，若出现如图 5-24 所示界面，说明 Tomcat 虚拟主机配置完成。

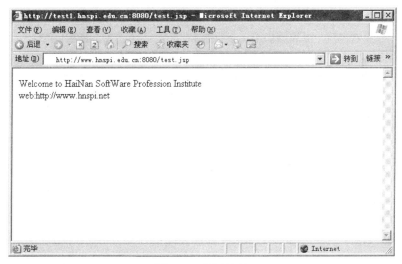

图 5-24　测试访问

另外一个 Tomcat 虚拟主机 bbs.hnspi.edu.cn 配置过程与 www.hnspi.edu.cn 配置相同。

整合 Apache 和 Tomcat：

解压连接器 jakarta-tomcat-connectors，将 modules 目录下 mod_jk2.so 复制到 Apache 安装目录下的 modules 目录下。

在 http.conf 的最后加上下边代码：

```
<IfModule !mod_jk2.c>
LoadModule jk2_module modules/mod_jk2.so
</IfModule>
```

在 Apache 的 conf 文件夹下新建 workers2.properties 文件(如果文件不存在，新建)，然后输入下边代码后保存：

```
[channel.socket:localhost:8009]
port=8009
host=127.0.0.1
[ajp13:localhost:8009]
channel=channel.socket:localhost:8009

#[uri:/*]
#worker=ajp13:localhost:8009
# Uri mapping
[uri:127.0.0.1/*.jsp]
worker=ajp13:localhost:8009
```

```
[uri:www.hnspi.edu.cn/*.jsp]
worker=ajp13:localhost:8009
[uri:bbs.hnspi.edu.cn/*.jsp]
worker=ajp13:localhost:8009
```

重新启动 Apache，测试，在地址栏输入 http://www.hnspi.edu.cn/test.jsp ，如果看到如图 5-25 所示结果，则说明整合成功。

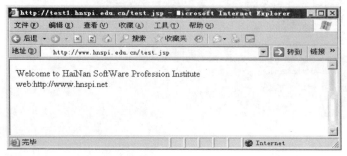

图 5-25　访问测试

2．负载均衡群集

网络负载平衡技术就是能将大量的客户端请求负载比较平均地分布到同一网络中的多台服务器或多块网卡来进行处理的一种技术。目前可以利用网络负载平衡的应用程序，包括诸如 HTTP 和文件传输协议 FTP(使用 Internet 信息服务 (IIS))、防火墙与代理(ISA)、虚拟专用网、Windows Media Services、移动信息服务器和终端服务等这样的 Web 服务。对于经过负载平衡的程序，当某个主机出现故障或脱机时，将在继续运行的计算机间自动重新分配负载。网络负载均衡群集如图 5-26 所示。

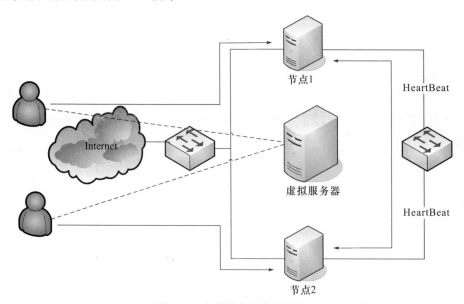

图 5-26　负载均衡群集示意图

该学院为了保障 Web 服务的高性能，部署了两台服务器构成负载均衡群集。每一台服务器安装两块网卡，分别取名 Public、HeartBeat，Public 用于工作负载，WWW1 的 Public 网卡的 IP 地址为 222.17.244.5/24，WWW2 的 Public 网卡的 IP 地址为 222.17.244.6/24，HeartBeat 用于群集节点间的心跳信号检测，WWW1 的 HeartBeat 网卡的 IP 地址为 10.1.1.1/24，WWW2 的 HeartBeat 网卡的 IP 地址为 10.1.1.2/24。

需要在 DNS 服务器上注册负载均衡群集的名称和对应的 IP 地址，如图 5-27 所示。

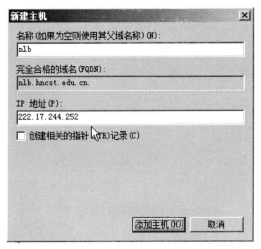

图 5-27　注册群集名称和 IP

1）添加网络负载均衡功能

打开服务器管理器，在左边窗格右击"功能"，在弹出菜单中选择"添加功能"，如图 5-28 所示。

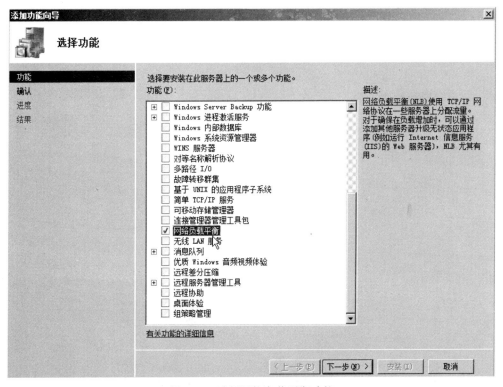

图 5-28　选择网络负载平衡功能

点击"下一步",进入"确认安装选择"页面,如图 5-29 所示。

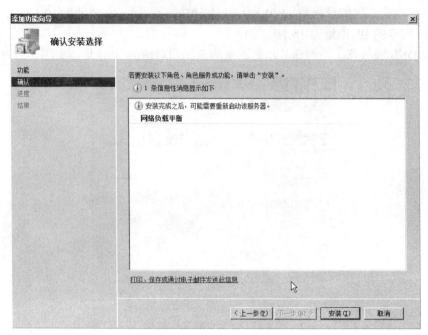

图 5-29　确认安装

点击"安装"按钮开始安装负载均衡群集功能。安装过程完成后点击"关闭"按钮关闭添加功能向导,如图 5-30 所示。

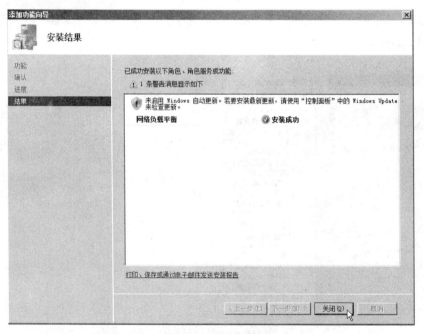

图 5-30　成功安装

2) 新建网络负载均衡群集

从开始菜单——管理工具打开"网络负载平衡管理器",如图 5-31 所示。

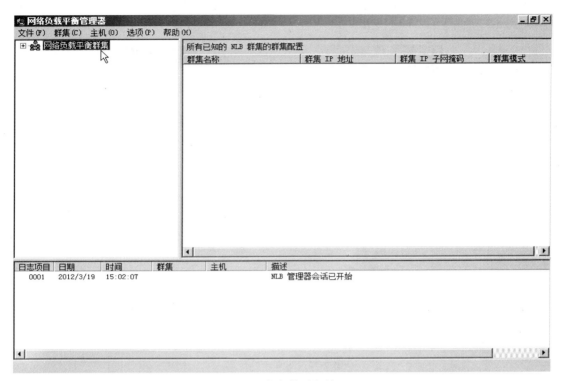

图 5-31　网络负载平衡管理器

在左边窗格右击"网络负载平衡群集",选择"新建群集",在"新群集:连接"页面输入 WWW1 的 IP 地址或主机名,点击连接,向导将连接到指定的主机,并显示该主机上的所有网络接口,如图 5-32 所示。

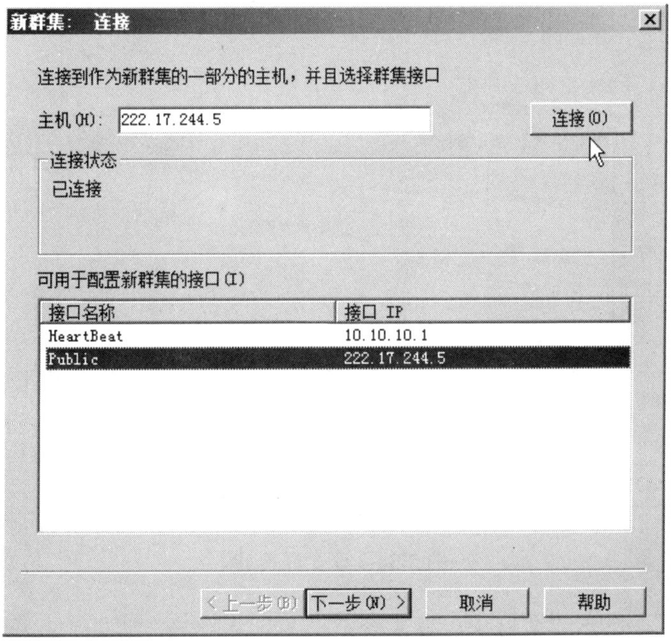

图 5-32　连接主机

在页面下方选择一个接口用于配置群集，点击"下一步"，进入"新群集：主机参数"页面，如图 5-33 所示。

图 5-33　设置主机参数

在这一页要注意的是不要选择"在计算机重新启动后保持挂起状态"，以免服务器重启后群集不能正常工作。点击"下一步"，进入"新群集：群集 IP 地址"页面，点击"添加"按钮，将已经在 DNS 服务器上注册的群集主机记录中的 IP 地址添加进来，如图 5-34 所示。

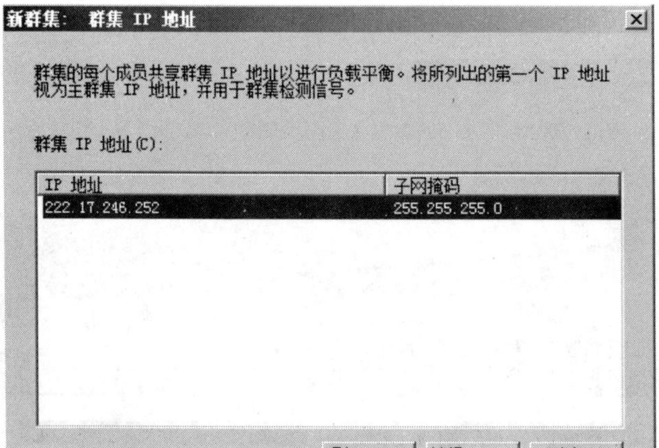

图 5-34　设置群集 IP

点击"下一步"，进入"新群集：群集参数"页面。在这一页面中，输入在 DNS 服务器上注册的群集名称 nlb.hncst.edu.cn，群集操作模式选择"单播"，如图 5-35 所示。

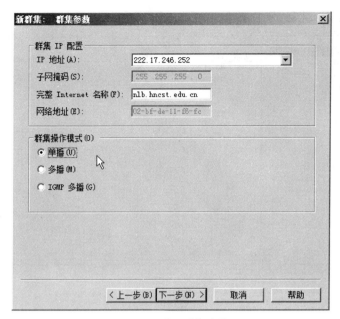

图 5-35　设置群集参数

点击"下一步",进入"新群集:端口规则"页面,在这一页面可以为不同的群集 IP 编辑不同的端口规则,包括端口范围、协议、筛选模式等,如图 5-36 所示。

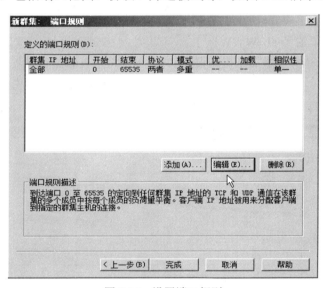

图 5-36　设置端口规则

规则编辑完成后点击"完成"按钮,完成新群集的创建。

完成创建后,"网络负载平衡管理器"中显示新群集状态,如图 5-37 所示。

新群集的第一个节点 WWW1 状态已经变成"已聚合",表明该节点在群集中已经可以正常工作了。

3) 向 NLB 群集添加新节点

在即将要加入群集的新节点 WWW2 上添加"网络负载平衡"功能,步骤与 1)相同,在此不再赘述。

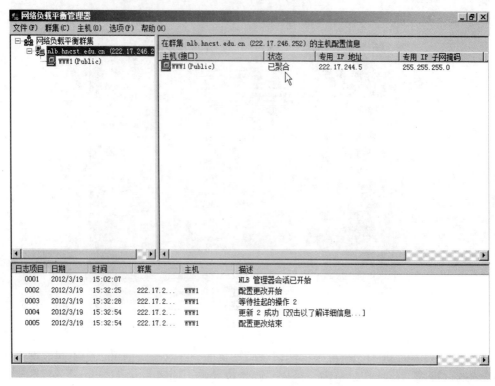

图 5-37   成功创建群集并添加第一个节点

在已经加入群集的节点 WWW1 上，打开"网络负载平衡管理器"，右击群集名称"nlb.hncst.edu.cn"，选择"添加主机到群集"，进入"将主机添加到群集：连接"页面，输入 WWW2 的 IP 地址，点击"连接"按钮，向导将连接 WWW2，等待片刻，页面下方将列出 WWW2 可用的网络接口，选择 Public 接口，如图 5-38 所示。

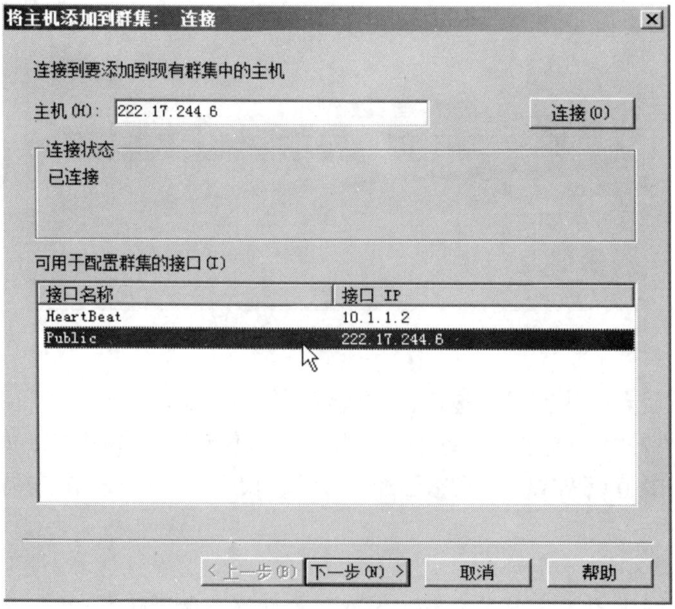

图 5-38   连接群集

点击"下一步",进入"将主机添加到群集:主机参数"页面,如图 5-39 所示。

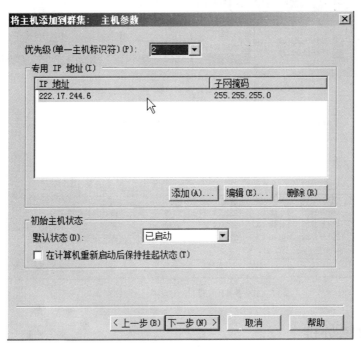

图 5-39   设置主机参数

点击"下一步",进入"将主机添加到群集:端口规则"页面,如图 5-40 所示。

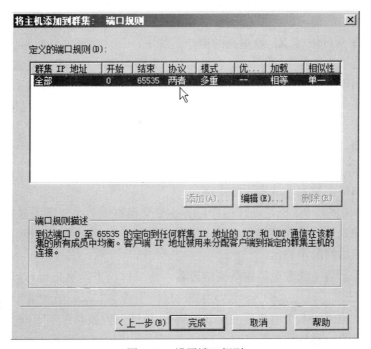

图 5-40   设置端口规则

点击"完成"按钮,即可将 WWW2 加入到 NLB 群集"nlb.hncst.edu.cn"。
WWW2 加入群集后,"网络负载平衡管理器"显示的状态如图 5-41 所示。

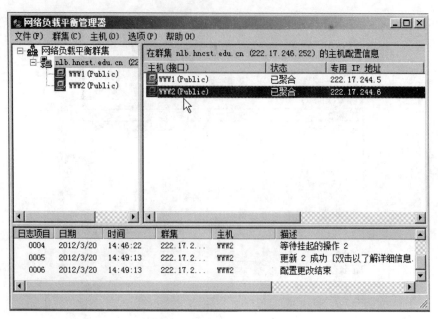

图 5-41　成功添加第二个节点

5.5　网络故障处理

1. 常见故障一

故障现象：操作系统在屏幕右下角的"本地连接"图标上显示一个小红叉号，并且显示一个网络电缆被拔出的提示。

故障分析：在 Windows XP 及更高的操作系统下，只有出现网络线路故障，才会在屏幕右下角的"本地连接"图标上显示一个小红叉号，并且显示一个网络电缆被拔出的提示。

故障解决：出现这种情况，请先检查网络线路是否已经连接，如果正常。可以考虑更换网线或者更换水晶头(即网线与 PC 机连接的设备)。但注意，不显示小红叉也不提示"网络电缆被拔出"并不表示网络线路一定没有问题，这里只能把"小红叉"等相关提示作为参考来对网络故障进行判断、排查。

2. 常见故障二

故障现象：网络不稳定，或者无法上网。

故障分析：如果多台 PC 机是通过用户自备小型交换机或者小型路由器接入校园网的，那么这些设备的不稳定性、工作环境温度或湿度过高、设备工作时间过长等都可能造成网络无法连接，或者网络访问的不稳定。

故障解决：重新启动或者更换这些网络设备，然后再检查网络是否可以正常使用。

3. 常见故障三

故障现象：一栋楼的多个用户反映能获取到 IP 地址，但就是无法上网。

故障分析：如果一整栋用户都无法上网，说明这栋楼的网络接入设备或光纤链路上出了故障，如不是则说明用户端获取到 IP 地址不正确，造成这一现象的是这栋楼里存在个别用户私架 DHCP 服务，从而导致了其他用户无法获取正确的 IP 地址。

故障解决：将网卡禁用再启用或用 ipconfig/ release，ipconfig/renews 命令重新获取正确的 IP 地址。

4．常见故障四

故障现象：发现对某服务器的域名访问失败，用 IP 地址访问却是可以的。

故障分析：可能是用户端域名服务的 IP 地址分配不正确。

故障解决：首先应查看本地网络主机的域名服务器的 IP 地址设置是否正确，在确认域名服务器正确的条件下，将故障现象上报学校网络中心。

5．常见故障五

故障现象：学生宿舍发现网络时通时断，部分寝室不能上网。

故障分析：造成当前这种现象的原因包括大量病毒冲击、用交换机连接形成环路、使用交换机方法不正确等。

故障解决：首先对主机进行断网查毒，其次查看宿舍自备的交换机连接是否环接，最后查看交换机连接端口是否正确。

5.6　任务总结与评价

本次任务对校园园区网的规划、设备选型、网络实施、设备配置等方面进行了详细的介绍，根据校园园区网络工作需求进行内部和外部网络的设计、构建出稳定、能满足学校教学、办公、生活的网络环境。

各小组根据用户需求进行设计与实施校园园区网络组建，并对自己小组完成的校园网进行展示、介绍；尤其重点介绍小组所设计及实现的校园网络较其他小组的优势，最后小组对完成的任务总结、评价。

通过观察小组开展协作活动的情况，包括实训小组的组织管理、工作过程及各环节的衔接，了解小组成员的体会，对小组中的个体进行评价。对学生的评价根据其在工作过程中实践技能的掌握和工作过程的素质形成两类指标进行。

评价可以按下列表格的形式进行：表 5-9 为自我评价表，表 5-10 为小组互评表，表 5-11 为教师评价表。

表 5-9　自我评价表

姓名		学号		评价总分	
班级		所在小组			
实训项目	考核标准			评价分数	
				分值	得分
网络规划方案设计	考核 IP 规划、子网划分是否合理，网络设备选型是否准确，格式是否规范，能独立完成网络拓扑图的绘制，是否能够按时完成并说明方案设计			15	
内部局域网组建	按工作任务完成情况进行评价考核。主要考核能否按用户要求实现交换机的 VLAN 划分、链路汇聚等配置			25	
广域网接入	按工作任务完成情况进行评价考核。主要考核能否按用户要求实现路由器的基本管理、静态路由、动态路由、DHCP、NAT、ACL、VPN、无线网络配置等			25	

姓名		学号		评价总分	
班级		所在小组			

实训项目	考核标准	评价分数	
		分值	得分
设备连接、测试与诊断	根据实际任务需要，合理选择线缆连接设备；根据组建的网络测试其是否满足规划方案的要求；能否准确定位故障；能否自行优化与改进	15	
团队协作能力	考查在小组团队完成工作任务中的表现，是否积极参与小组的学习，能否与团队其他成员合作沟通、交流、互相帮助	20	
自我综合评价与展望			
		年 月 日	

表 5-10 小组互评表

姓名		评价人		评价总分	
班级		所在小组			

小组评价内容	考核标准	评价分数	
		分值	得分
实训资料归档、实训报告	考查能否积极参与工作任务的计划阶段，主动参与学习与讨论，积极参与工作任务的实施，是否能独立按时完成实训报告	10	
团队合作	考查在小组团队完成工作任务中的表现，是否积极参与小组的学习、讨论、交流和沟通，是否能与小组其他成员协作共同完成团队工作任务	10	
网络规划方案的设计	考核 IP 规划、子网划分是否合理，网络设备选型是否准确，格式是否规范，能独立完成网络拓扑图的绘制，是否能够按时完成并说明方案设计	10	
内部局域网组建	按工作任务完成情况进行评价考核。主要考核能否按用户要求实现交换机的 VLAN 划分、链路汇聚等配置	20	
广域网接入	按工作任务完成情况进行评价考核。主要考核能否按用户要求实现路由器的基本管理、静态路由、动态路由、DHCP、NAT、ACL、VPN、无线网络配置等	20	

姓名		评价人		评价总分		
班级		所在小组				
小组评价内容		考核标准			评价分数	
					分值	得分
设备连接、测试与诊断		根据实际任务需要，合理选择线缆连接设备；根据组建的网络测试其是否满足规划方案的要求；能否准确定位故障；能否自行优化与改进			15	
小组成员互评满意度		评价各个成员在整体项目的参与、协作、提出有针对性的建议等方面，是否团队骨干，是否达到项目的任务目标			15	
综合评价与展望						
					年　月　日	

表 5-11　教师评价表

小组及成员						
考核教师				评价总分		
考核内容		考核标准			评价分数	
					分值	得分
技术实现	网络规划方案的设计	考核 IP 规划、子网划分是否合理，网络设备选型是否准确，格式是否规范，能独立完成网络拓扑图的绘制，是否能够按时完成并说明方案设计			15	
	内部局域网组建	按工作任务完成情况进行评价考核。主要考核能否按用户要求实现交换机的 VLAN 划分、链路汇聚等配置			20	
	广域网接入	按工作任务完成情况进行评价考核。主要考核能否按用户要求实现路由器的基本管理、静态路由、动态路由、DHCP、NAT、ACL、VPN、无线网络配置等			20	
	设备连接、测试与诊断	根据实际任务需要，合理选择线缆连接设备；根据组建的网络测试其是否满足规划方案的要求；能否准确定位故障；能否自行优化与改进			15	

小组及成员					
考核教师			评价总分		
考核内容		考核标准		评价分数	
				分值	得分
规范操作	技术应用	完成各项工作任务所采用的方法与手段是否合理		5	
	资料管理	资料收集、整理、保管是否有序，资料是否进行了装订，是否有目录		5	
	工具使用与摆放	物品摆放是否整齐有序，工具是否按要求放回原处，是否对工位进行清洁整理		5	
团队合作		依据小组团队学习的积极性和主动性，参与合作、沟通、交流的程度，互相帮助的气氛，团队小组成员是否协作共同完成团队工作任务进行评价		15	

某学院校园网
升级改造建设方案

中国××股份有限公司

2010 年 5 月

目　录

前　言

　　首先非常感谢××职业技术学院给予中国××股份有限公司提供此机会。能为××学院的信息化建设尽一份力量，我们深感荣幸。

　　结合贵校的发展远景，我们组织了相关部门对贵校进行深入调研，结合我们现有的技术和网络优势，我们精心制作了此方案，敬请贵校审阅。我们相信，凭借我公司庞大的网络规模、完善的服务、科学的管理以及丰富的经验，我公司完全能满足此次贵校的需求。同时我们热忱欢迎贵校对此方案书提出宝贵意见，我们将竭诚为贵校提供优质周到的服务。

一、概述

1．学校概况

××职业技术学院 1923 年建校，是经某省人民政府批准设立，教育部备案的某省第一所专门培养信息、软件行业应用型专门人才的公办全日制高等院校。学院设有软件工程系、网络工程系、信息管理系、电子工程系、数码设计系、艺术传媒系、基础教育部、社会科学部、公共教学部等九个系部。学院现有教职工 355 人，其中副高以上职称 52 人，讲师 72 人。现有来自全国 24 个省(区)市全日制在校生 5896 人。

学院现占地 326 亩，建筑面积 119695.36 平方米，建有中央财政支持的"计算机应用与软件教育实训基地"，拥有实验室与实训室 37 个，网络教室 56 间，多媒体教室和语言教室 35 间，教学用计算机 1813 台，实验仪器设备总值 3034.25 万元。学院已建成校园网、通信网、监控广播电视网三网合一的信息化虚拟平台，并通过宽带与互联网相连。

2．建设背景

××职业技术学院在 1996 年，在全省率先建成校园网、通信网、监控广播电视网三网合一的信息化虚拟平台，开××省高校信息化建设应用之先河，成为××省省信息化管理示范单位，信息化已在学校教育中发挥着巨大的不可缺少作用。然而，历经 13 年的运行，网络多次升级改造，但随着学校规模的急速扩大，为保持网络的先进性，满足校园各方面的使用要求，加强网络管理、满足带宽资源、尽快设备更新、系统网络优化、跟进网络扩展、不断持续投资的课题，已摆到面前，网络升级改造已是教育信息化改革与发展的必然要求，为未来学校计算机网络科学信息化实验、教学及人才培养打下坚实的基础，是刻不容缓的工作。

3．建设原则

校园信息化建设应本着"统一规划、软硬并重、分步实施、以点带面、重点突破、持之以恒"的建设原则，有计划、分步骤逐步将××职业技术学院建设成为一个数字化、网络化、信息化的虚拟大学。

校园信息化是以网络基础设施和基本网络服务为核心支撑平台，将××职业技术学院从环境、资源到活动全部实施数字化、网络化、信息化。××职业技术学院信息化建设的总体目标是：利用现代信息技术将××职业技术学院的教学、科研、学科建设、管理、服务等活动移植到一个数字网络空间环境下，从而达到提高学校教职员工的工作效率、人才培养质量、教学质量、科研实力和管理水平的目的，并最终将××职业技术学院构造成为一个数字空间下的虚拟大学。

4．当前校园网发展趋势

校园网络数字化、信息化是当今校园网的发展趋势，具体来说：

在教学方面，利用多媒体、网络技术实现高质量教学资源、信息资源和智力资源的共享与传播，并同时促进高水平的师生互动，促进主动式、协作式、研究型的学习，从而形成开放、高效的教学模式，更好地培养学生的信息素养以及问题解决能力和创新能力。

在管理方面，利用信息技术实现职能信息管理的自动化，实现上下级部门之间更迅速便捷的沟通，实现不同职能部门之间的数据共享与协调，提高决策的科学性和民主性，减员增效，形成充满活力的新型管理机制。

在公共服务体系方面，建立覆盖学校教学、科研、管理、生活等各个区域的宽带高速网络环境，提供面向全体师生的基本网络服务和正版软件服务；要建设高质量的数字化的图书馆、档案馆、博物馆、艺术馆等；在校园内建立电子身份及其认证系统，从而为学校高水平的教学、科研和管理等提供强有力的支撑。

二、××职业技术学院校园网现状

1. 网络现况

目前学校校园网已经形成了以网络中心为核心的星型拓扑结构网络，初步实现了千兆主干，百兆到桌面的 LAN 接入。校园网信息节点达 5577 个(含最新扩建的节点)，附图 1 所示为目前校园网的拓扑结构示意图。

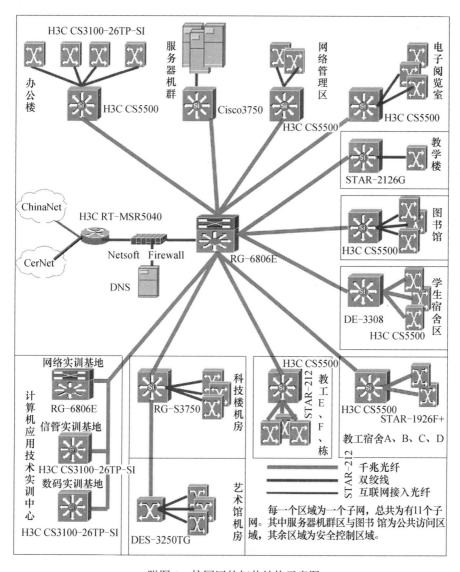

附图 1　校园网的拓扑结构示意图

2．存在问题说明

校园网近期经过一次改造，更换了部分汇聚层交换机及出口路由器设备，使得网络性能得到较大提高，从交换网络来讲，基本满足教学办公及内部资源共享的需求，但仍然存在以下问题：

1）出口带宽问题

网络总出口带宽不足，目前学校拥有由移动公司接入的互联网 10Mb/s、教育网 100Mb/s 及 2Mb/s 经教育网访问互联网的带宽。由于校内网络安全问题突出，未能有效控制网络访问行为，整个校园网络访问互联网效果非常不理想。教育网出口通过电信光纤专线连接主节点，带宽余量较大，完全满足目前及未来几年的需求。互联网出口通过移动公司 2Mb/s 专线连接，由五条 2Mb/s 电路通过专用聚合设备提供上网线路，理论值仅为 10Mb/s，与实际上网需求差距甚大，匮乏的带宽资源已经成为整个校园网络最大的瓶颈。(经××省电信公司数据监控中心的监测，学生宿舍区电信卡通宽带的忙时峰值在 230Mb/s 左右，目前的移动公司五条 2Mb/s 电路通过专用聚合设备提供的 10Mb/s 电路远远不能满足现有校园网络的出口带宽，这已经成为整个校园网络互联网出口的最大障碍。)

2）上网管理问题

学校越来越依赖于网络，网络成为广大师生喜爱的获取信息、增进交流的用益手段，网络扩大了外界了解××职业技术学院的途径。然而，在日益增长的网络需求面前，对上网行为缺乏有力的管控，校园网中的信息也会遭受越来越多来自内部或是外界的威胁，最终给学校管理带来极大的负担和风险。

3）网络安全问题

尽管校园网经过改造后提升了性能，但是网络安全问题依然存在。

(1) 网络存在单点故障导致局部或全网瘫痪的风险，所有的数据链路通过光纤汇聚到网络中心。网络中只有唯一的核心交换机，接入层到汇聚层或者汇聚层到核心层之间没有冗余链路，如果在这些环节中出现问题，网络将出现局部甚至全网瘫痪。

(2) 校园网络中缺乏必要的网络安全技术措施和平台，如没有部署正版杀毒软件，当前网络内部节点所采用的是免费或者破解版单机杀毒软件，没有入侵检测/防护系统，致使网络内部安全问题极度突出。蠕虫病毒横行导致局部或者全网现象屡见不鲜。

(3) 网络中接入层及汇聚层交换机的技术档次较低，致使网络管理维护过程中存在盲点。这是目前本校校园网存在各种网络问题的主要根源之一，全网所有接入层交换机采用的是 DLINK 的 1024 R 系列产品，该产品是一款不可网管的交换机。由于接入层交换机不可网管，加上本校校园网中缺乏必要的网络管理平台，整个校园内网病毒横行，黑客扫描攻击现象时有发生，而网络管理员却无法准确定位故障或安全威胁的位置，更是无法提供网络行为跟踪、审计和日志记录存储。网络中承载着绝大部分用户的教工宿舍和学生宿舍网络接入层交换机均为非管理型的二层设备，不能提供基本的 VLAN、端口隔离、流量限速等管理功能，等同于对下挂的计算机没有控制能力，网络环路或是病毒引发的广播风暴问题容易扩散至整个网络，最坏的情况是局部网络发生阻塞，甚至造成网络瘫痪。

4）网络应用问题

当前校园网网络应用单一。目前校园网中仅有教务系统、教育行政办公系统两个应用系统。校园网在教育教学和科研活动中起到的平台支撑作用小，没有形成校园网反馈于教学、科研活动。校园网的产出与投入的效益不成比例。

5) 网络维护问题

目前校园网普遍存在突出的网络安全问题，像私接下挂、带宽滥用、网络欺骗、病毒泛滥、网络攻击、非法访问等问题严重冲击校园网的安全，设备及线路的故障需要快速的排查和恢复，解决这些问题的出路就是建立常态、高效的网络维护和用户管理机制，由于网络规模大、学生数量多，单靠学校一方面的力量就显然力不从心，不能快速应对诸多网络问题，不能将校园网络保持在良好的运行状态。目前校园网的网络管理、日常维护、实时监测等工作都仅由少数几个计算机老师兼当，随着网络规模的日益扩大、功能需求越来越多、日常维护工作越加繁琐、新建校园网络区域以及学生宿舍区的扩容，单单由几位兼职的计算机老师维护校园网络越加显得力不从心，网络管理人员的素质能力要求随着网络信息化建设的深入越来越高。××省电信公司拥有一批专业化的网络技术人员以及运营大型IP城域网的丰富经验，我们相信，通过竭诚合作将××职业技术学院的校园网网络建设成为具有高起点、高技术含量、信息化建设程度名列前茅的××省高校校园网。

6) 网络可持续发展问题

校园网络的正常运行和后续发展，都离不开持续不断的资金支持。在自筹资金紧张，国家投入不足的情况下，有必要寻求合作，让网络发挥"造血"功能，达到"以网养网"的可持续发展的目标。新建的先锋城教师村区域网络以及未来待建的面积达200多亩的新校区网络，使得校园资金压力更大、投入更重要、合作更迫切，校园信息化建设的步伐需要拥有专业技术人员、丰富网管经验、资金雄厚的电信运营商来作为合作伙伴，使得校园信息化建设更好更快的发展。

总之，××职业技术学院校园网络各方面问题突出，网络升级改造迫在眉睫。

三、××职业技术学院网络需求分析

通过我们对学校网络现况的了解，以及考虑到当前校园网的迫切需要，结合××职业技术学院和××省电信两方的优势，我们提出本次网络升级改造的内容，供领导参考。

1. 业务需求

1) 带宽性能需求

考虑到要承载8000人规模的未来网络，改造升级后的校园网络要具有更高的带宽，更强大的性能，以满足用户日益增长的通信需求。随着计算机技术的高速发展，基于网络的各种应用日益增多，今天的校园网络已经发展成为一个多业务承载平台。不仅要继续承载校园的办公自动化，Web浏览等简单的数据业务，还要承载涉及校园运营的各种业务应用系统数据(如一卡通)，以及带宽和时延都要求很高的IP电话、视频会议等多媒体业务。因此，数据流量将大大增加，尤其是对核心网络的数据交换能力提出了前所未有的要求。另外，随着千兆位端口成本的持续下降，千兆位到桌面的应用会在不久的将来成为校园网的主流。从2004年开始以来的全球交换机市场分析可以看到，增长最迅速的就是10Gb/s级别机箱式交换机，可见，万兆位的大规模应用已经真正开始。所以，改造后的校园网络已经不能再用百兆位到桌面千兆位骨干来作为建网的标准，核心层及骨干层必须具有万兆位级带宽和处理性能，才能构筑一个畅通无阻的"高品质"大型校园网，从而适应网络规模扩大，业务量日益增长的需要。

2) 稳定可靠需求

改造后校园的网络要具有更全面的可靠性设计，以实现网络通信的实时畅通，保障校园网络运营的正常进行。随着学校各种业务应用逐渐转移到计算机网络上来，网络通信的无中断运行已经成为保证学校正常运行的关键。改造后的校园网络在可靠性设计方面主要应从以下三个方面考虑。

(1) 设备的可靠性设计：不仅要考察网络设备是否实现了关键部件的冗余备份，还要从网络设备整体设计架构、处理引擎种类等多方面去考察。

(2) 业务的可靠性设计：网络设备在故障倒换过程中，是否对业务的正常运行有影响。

(3) 链路的可靠性设计：以太网的链路安全来自于多路径选择，所以在校园网络建设时，要考虑网络设备是否能够提供有效的链路自愈手段，以及快速重路由协议的支持。

3) 服务质量需求

未来校园网络需要提供完善的端到端 QoS 保障，以满足校园网多业务承载的需求。随着校园网络承载的业务不断增多，单纯的提高带宽并不能够有效地保障数据交换的畅通无阻，所以改造后的校园网络建设要考虑到网络应能够智能识别应用事件的紧急和重要程度，如视频、音频、数据流(OA、备份数据)。同时能够调度网络中的资源，保证重要和紧急业务的带宽、时延、优先级和无阻塞的传送，实现对业务的合理调度。

2．网络管理需求

改造后的校园网络要具备智能的网络管理解决方案，以适应网络规模日益扩大，维护工作更加复杂的需要。当前的网络已经发展成为"以应用为中心"的信息基础平台，网络管理能力的要求已经上升到了业务层次，传统的网络设备的智能已经不能有效支持网络管理需求的发展。比如，网络调试期间最消耗人力与物力的线缆故障定位工作，网络运行期间对不同用户灵活的服务策略部署、访问权限控制，以及网络日志审计和病毒控制能力等方面的管理工作，由于受网络设备功能本身的限制，都还属于费时、费力的任务。所以改造后的校园网络迫切需要网络设备具备支撑"以应用为中心"的智能网络运营维护的能力，并能够有一套智能化的管理软件，将网络管理人员从繁重的工作中解脱出来。

3．网络安全需求

改造后的校园网络应提供更完善的网络安全解决方案，以阻击病毒和黑客的攻击。传统网络的安全措施主要是通过部署防火墙、IDS、杀毒软件，以及配合交换机或路由器的 ACL 来实现对病毒和黑客攻击的防御，但实践证明这些被动的防御措施并不能有效地解决校园网络的安全问题。在校园网络已经成为学校教育教学、科研、管理和生活的重要组成部分的今天，改造后的校园网络必须要有一套从用户接入控制，病毒报文识别到主动抑制的一系列安全控制手段，这样才能有效地保证校园网络的稳定运行。

四、XX 职业技术学院校园网络建设整体解决方案

1．技术标准选择

当前校园网络技术的主流是 10Gb/s 以太网技术。据统计在目前所有新建设的校园网络或改造升级的校园网中，普遍选择 10Gb/s 以太网技术做为校园网络技术标准。在网络的建设过程中考虑到适度的超前性是必要的，因此本次网络改造中采用大容量、高性能万兆核心多业务路由交换机。

校园网络技术的未来将向 IPv6 网络过渡，2011 年之后新建的网络将无任何 IPv4 地址可用，采用 IPv6 技术的驻地网络建设将在 2011 年之后出现井喷现象。尔后新建或改造的网络主流必定是 IPv6 网络。因此本次网络升级改造过程中考虑到未来网络升级技术的变迁、网络

升级成本、保护网络资产价值等因素，采用的网络产品需要支持 IPv6 技术。

2．网络拓扑改造

针对当前网络中存在的单点网络故障和单链路问题，增设一个新的网络核心，组成双核互备份的核心冗余结构。在网络合适位置进行各楼宇间横向的网络互联，打造一个网状的网络拓扑结构。

3．有线网络与无线网络有机结合

利用无线网络技术进一步扩展校园网的覆盖范围，使全校师生能够随时随地、方便高效地使用校园网络。

4．校园网络应用

校园网络是数字化校园的重要基础平台，建设丰富的校园网络应用是建设数字化校园的必然要求。

5．网络安全体系构建

建立健全完备的网络安全防护体系。

网络边界安全防护，启用出口路由器的状态检测防火墙功能，将路由器作为校园网络安全防护的第一道防护墙。

在双核心路由交换机上配备模块式 IPS、FW、ACG 等业务模块，为整个校园网络提供全面安全的网络安全防护，具体包括防护入侵检测、安全过滤及拦截、流量控制、流量整形等。

应用汇聚及接入层交换机的安全特性解决校园网络安全接入及认证问题，拒绝网络安全隐患于校园网络之外。

部署网络立体防病毒体系，为全网所有的接入计算机提供终端安全防护手段。

部署校内网络补丁管理、更新服务器，为校园计算机用户提供便捷的补丁更新服务，有效防护蠕虫病毒的侵犯。

6．网络设备选型

目前比较成熟的网络设备厂家有迈普、锐捷、H3C、神州数码等厂家，都与我公司有着紧密的业务联系以及良好的关系，下面对 H3C 的网络设备应用产品进行简略介绍。

1）核心层

采用 H3C 的核心交换机 S9505E 作为新网络的核心。并为其配备 IPS、FW、ACG 等业务模块，配备 24 口光纤接口业务模块。

H3C S9500E 系列核心路由交换机是 H3C 公司面向园区网核心和数据中心市场推出的新一代核心路由交换机。S9500E 在提供大容量、高性能 L2/L3 交换服务基础上，进一步融合了硬件 IPv6、硬件 MPLS、安全、业务分析等智能特性，可为园区网、数据中心构建融合业务的基础网络平台。

2）汇聚及接入层

更替现有汇聚及接入层交换机。采用 H3C S5500EI 作为楼宇汇聚交换机，E152/E126A 作为接入层交换机。

H3C S5500-EI 系列交换机是 H3C 公司最新开发的增强型 IPv6 强三层万兆以太网交换机产品，具备业界盒式交换机最先进的硬件处理能力和最丰富的业务特性。支持最多四个万兆扩展接口；支持 IPv4/IPv6 硬件双栈及线速转发，使客户能够从容应对即将带来的 IPv6 时代；除此以外，其出色的安全性，可靠性和多业务支持能力使其成为大型企业网络和园区网的汇聚、中小企业网核心，以及城域网边缘设备的第一选择。

H3C E152/126A 教育网交换机是 H3C 公司为满足教育行业构建高安全、高智能网络需求而专门设计的新一代以太网交换机产品，在满足校园网高性能、高密度的接入的基础上，提供更全面的安全接入策略和更强的网络管理维护易用性，是理想的校园网接入层交换机。

3）网络出口

增加 H3C 的多核多业务路由器 SR6604 一台，用于承担访问公网的路由及 NAT 功能，原有的 MSR5040 转为承担教育网出口路由及 NAT 功能。

SR6600 是业界首款基于多核多线程的高端路由器，具备高性能、易编程、灵活的 L4-L7 层业务应用等特点。多核多线程处理器的应用，使网络设备具备高性能和灵活性等特点，其良好的可编程性和易用性，使 SR6600 对未来的新业务具备快速响应能力和良好的适应能力，满足用户不断发展的、在路由器上实现应用层业务管理的需求。SR6600 路由器在系统架构设计阶段就非常注重内容和安全业务的硬件加速处理，从而使多核处理器宝贵的核心资源可用于最关键、最核心的 L4-7 深度业务处理。随着传统高端路由器向多业务型高端路由器的不断发展，多核多线程处理器已成为高端路由器的关键技术，成为未来高端业务路由器发展的基石。

7．校园网络拓扑结构

全面改造后的校园网络拓扑结构如附图 2 所示。

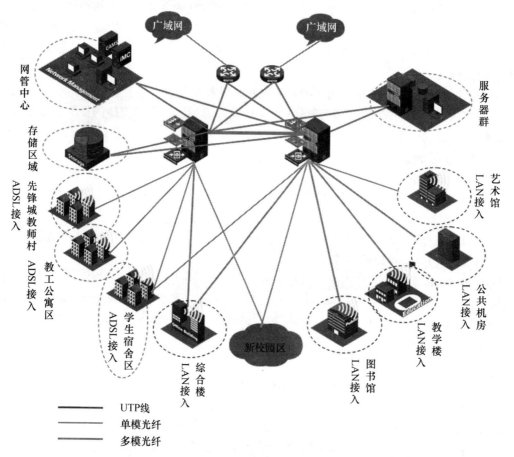

附图 2　网络拓扑结构示意图

备注：所有的 ADSL 接入区域均由中国电信公司负责网络接入

　　　所有的 LAN 接入区域由××职业技术学院自行负责网络接入

五、校园网络建设方案

1．本期网络建设目标

利用中国电信先进、成熟的计算机和网络通信技术，坚持网络和业务的可持续扩展，重点考虑网络出口带宽升级、学生上网管理、网络安全控制等方面，以满足教学、办公、学习及教职工学生宿舍等多方面的需求。

建设的总体目标内容：

(1) 优化网络出口设计，出口网带宽升级。

(2) 新增校园网宽带计费功能，实现校园上网统一管理。

(3) 学生宿舍、教工宿舍网络设备升级改造及网络扩展建设。

(4) 园区无线网(3G/WLAN/1X)校园区域内全覆盖。

(5) 根据学院校园规模的扩大，满足多地点学院建设的校园网广域覆盖。近期计划新建兴海路教工宿舍区域网络接入和待建的新校区网络接入。

(6) 融合某省电信的优势资源，在资金、技术、人才多方面广泛合作，助推学院信息化建设更上一层楼。

2．本期网络具体建设内容

1) 网络节点接入技术安排

本期网络改造升级中，整个学生宿舍区，教工公寓区(含教师村)使用 XDSL/DSLAM 技术接入，尔后由中国电信将其整体割接到校园网络中。校园网络中的其他部分网络节点大约有 3484：覆盖了图书馆、教学楼、综合楼(新扩建 1744 节点)、公共机房部分(指科技楼机房网络 800 个节点，图书馆机房网络 250 个节点，艺术馆网络 180 个节点，实训基础网络 150 个节点，电子阅览室网络 200 个节点)使用以太网 LAN 接入技术接入到校园网络中。

2) 网络设备选型

采用 H3C E152/126A 系列产品作为接入层交换机。将现有的核心万兆交换机 RG6806E 降为服务器群汇聚层交换机，上行链接新的核心路由交换机，保留现有 RG 系列 3750 三层交换机和 Cisco 的 Catalyst3750 三层交换机，优化汇聚层的链接关系。新增两个十万兆核心路由交换机 H3C S9505E，在 S9505E 中配置防火墙、ACG 应用控制网关等模块。

3) 网络核心及边界出口设计

网络核心及边界出口处采用双机双链路热备份机制，整个校园网络核心及边界出口处形成双核心路由交换，双路由双出口的冗余热备份网络结构。

4) 网络安全体系构建

启用出口路由器的 ASPF 状态检测防火墙功能，卸下现有东软 FW-4032 防火墙，将 H3C 路由器作为校园网络安全防护的第一道防护墙。

在双核心路由交换机上配备模块式 IPS、FW、ACG 等业务模块，为整个校园网络提供全面安全的网络安全防护，具体包括防护入侵检测、安全过滤及拦截、流量控制、流量整形等。

应用汇聚及接入层交换机的安全特性解决校园网络安全接入及认证问题，拒绝网络安全隐患于校园网络之外。

部署网络立体防病毒体系，为全网所有的接入计算机提供终端安全防护手段。

部署校内网络补丁管理/更新服务器，为校园计算机用户提供便捷的补丁更新服务，有效防护蠕虫病毒的侵犯。

5) 配备智能网络管理平台

配备与校园网络主流网络设备配套的网络管理平台 IMC。利用网络管理平台 IMC 的智能管理功能提高网络管理的效率，缩短网络故障的响应处理时间。要求运营商提供的认证计费系统必须与学校配备的网络管理平台兼容或者配套。

6) 网络出口带宽

网络出口带宽采用校企合作模式，由运营商提供无月租光纤链路和认证计费系统等网络管理平台，网络收费业务所得按协议协商比例分享。

7) 网络中心双路 UPS 电源供电保护设计

目前已有的山特牌 10KW 级 UPS 一套。目前 UPS 的电池老化严重，电池储电能力已经不足以支撑 15 分钟以上(以目前的网络中心所有设备功率测算)，急需更新。另外，基于电源供电安全稳定的考虑，应该需要配置一套新的 UPS，形成双路 UPS 互热备份电源供电。

一期改造后学院网络拓扑结构示意图如附图 3 所示。

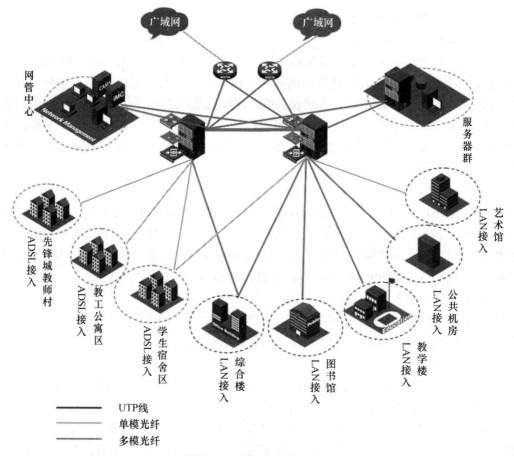

附图 3   一期网络结构示意图

备注：所有的 ADSL 接入区域均由中国电信公司负责网络接入

所有的 LAN 接入区域由××职业技术学院自行负责网络接入

六、××职业技术学院现有 ADSL 网络割接并入校园网方案

综合考虑现有的学生区域 ADSL 网络优势以及节省投资成本需要，充分利用原有的网络设施，保留学生宿舍区 ADSL 原有网络不变，将现有的使用中国电信 ADSL 业务的学生整体割接到校园网络中来，成为校园网络的一部分，方便对学生上网的统一计费和管理。

组网方式见附图 4。

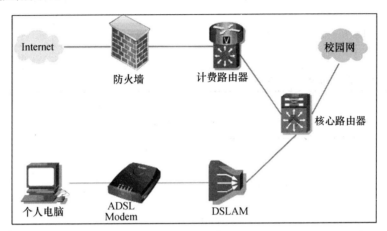

附图 4　学生宿舍 ADSL 网络割接示意图

备注：具体设备配置清单见附表

本方案需要中国电信投入资金增加和改造 DSLAM 接入设备，优点是实现比较简单，学生终端的联网方式保持不变，能在极较短的时间内完成施工。

1. 合作方式建议

本着互惠互利、优势互补的原则，进一步建立××职业技术学院与某省电信长期稳定、互信、双赢的业务合作伙伴关系，共同推进××职业技术学院信息化建设又快又好地发展。

(1) 以解决当前迫切需求问题为切入点，积极探讨双方优势和合作模式。

(2) 融合双方优势资源，共同投资，共同分享收益，达到合作共赢的良好局面。

(3) 发挥某省电信在资金、技术和人才方面的优势，参与到学院校园网建设中来，促进校园网络快速发展。

(4) 学校将主要力量投入到办公和教学区的网络建设中去，将生活区的网络委托给某省电信建设、经营和管理，运营收益双方按比例分享。

(5) 校园网引入电信经营的方式，能有效地规避了校方经营的法规限制，更好地为网络可持续发展提供资金支持。

(6) 随着网络教育的发展和电信业务的演进，强强联合的模式，将会有力地推进学院信息化进程，从而提升学院在行业中的竞争力和地位。

2. 工程期限安排建议

充分考虑到网络升级改造的急迫性，我们建议在双方签订合作协议后，在不影响现有网络正常使用的前提情况下，用一个月以内的时间(6 月 15 日—7 月 15 日)完成上述工作，即在七月中旬完成施工工作，网络投入试运行，七月底正式运行，保证八月份学校招生时使用，并充分满足整个校园网使用要求。

结合升级改造方案总体思路及工程计划安排，拟订时间计划表见附表 1，信息节点统计及分布见附表2。

附表 1　时间计划表

序号	工作内容	涉及设备	计划工日	备注
1	准备工作，编制实施方案	核心路由	5	
2	设备采购	同上	10	
3	初步配置，安装服务器软件	同上	5	
4	联调测试	同上	5	
5	系统开通，满足基本上网需求	同上	5	

附表 2　信息节点统计及分布

××职业技术学院信息节点分布统计表			
序号		楼宇	信息节点数
1	学生宿舍	11栋	396
		10栋	288
		9栋	246
		8栋	75
		7栋	266
		3/4/6栋	70
		5栋	16
		1/2栋	80
		12栋	300
		小计	1737
2	教工公寓	A 栋	24
		B 栋	20
		C 栋	24
		D 栋	24
		E 栋	88
		F 栋	96
		教工平房	50
		小计	326
3	办公教学区	教学楼	48
		图书馆	113
		综合楼	1744
		小计	1905

×× 职业技术学院信息节点分布统计表			
序号		楼宇	信息节点数
4	公共机房	科技楼机房	800
		艺术馆机房	179
		图书馆机房	250
		电子阅览室	200
		实训基地	150
		小计	1579
5	网络中心	科技楼内部各种管理节点	30
合计			5577

参考文献

[1] 毕学军. 网络工程案例集锦.北京：北京希望电子出版社，2002.

[2] 李全红. 局域网组建与维护. 上海：上海科学普及出版社，2009.

[3] 魏大新，等.Cisco 网络工程案例精粹. 北京：电子工业出版社，2007.

[4] 王春海，张翠轩. 网络工程案例. 北京：人民邮电出版社，2007.

[5] 张维，等. 实战网络工程案例. 北京：北京邮电大学出版社，2005.

[6] 王卫国，等. 局域网组建与维护实例教程.3 版. 北京：清华大学出版计，2007.

[7] 张敏波. 网络工程实战详解. 北京：中国水利水电出版社，2009 .

[8] 武装，田鹏. 数字校园网络建设基础与实施. 北京：机械工业出版社，2014.

[9] 安永丽，张航，毕晓峰. 综合布线与网络设计案例教程. 北京：清华大学出版社，2010.

[10] 金晶，胡宁，刘晓辉. 中小企业网络管理员实战指南.3 版. 北京：科学出版社，2011.

[11] 邓泽国，等. 企业网搭建及应用宝典. 北京：电子工业出版社，2012.

[12] 付捷. 局域网布线工作导向教程. 北京：机械工业出版社，2013.

[13] 张世勇. 交换机与路由器配置实验教程. 北京：机械工业出版社，2012.

[14] 朱恺，吉逸. 计算机网络与通信. 北京：机械工业出版社，2010.

[15] 张文科，杨莉，程书红. 路由器/交换机应用案例教程. 北京：机械工业出版社，2009.

[16] 程庆梅. 创建高级交换型互联网实训手册. 北京：机械工业出版社，2010.

[17] 程庆梅. 路由型与交换型互联网基础. 北京：机械工业出版社，2012.